国家示范校建设计算机系列规划教材

编委会

总　编：叶军峰

编　委：成振洋　吕惠敏　谭燕伟　林文婷　刁郁葵
　　　　蒋碧涛　肖志舟　关坚雄　张慧英　劳嘉昇
　　　　梁庆枫　邝嘉伟　陈洁莹　李智豪　徐务棠
　　　　曾　文　程勇军　梁国文　陈国明　李健君
　　　　马　莉　彭　昶　杨海亮　蒙晓梅　罗志明
　　　　谢　晗　贺朝新　周挺兴

顾　问：

　　　　谢赞福　广东技术师范学院计算机科学学院副院长，教授，
　　　　　　　　硕士生导师
　　　　熊露颖　思科系统（中国）网络技术有限公司"思科网络学
　　　　　　　　院"项目经理
　　　　林欣宏　广东唯康教育科技股份有限公司区域经理
　　　　李　勇　广州生产力职业技能培训中心主任
　　　　李建勇　广州神州数码有限公司客户服务中心客户经理
　　　　庞宇明　金蝶软件（中国）有限公司广州分公司信息技术服
　　　　　　　　务管理师、培训教育业务部经理
　　　　梅虢斌　广州斯利文信息科技发展有限公司工程部经理

国家示范校建设计算机系列规划教材

小型网络组建

主　编　梁国文

副主编　程勇军　徐务棠

参　编　陈国明　黄晓鸥

暨南大学出版社
JINAN UNIVERSITY PRESS

中国·广州

图书在版编目（CIP）数据

小型网络组建/梁国文主编 . —广州：暨南大学出版社，2014.5
（国家示范校建设计算机系列规划教材）
ISBN 978 - 7 - 5668 - 0971 - 1

Ⅰ. ①小… Ⅱ. ①梁… Ⅲ. ①计算机网络—高等学校—教材 Ⅳ. ①TP393

中国版本图书馆 CIP 数据核字（2014）第 054993 号

出版发行：暨南大学出版社

地　　址：中国广州暨南大学
电　　话：总编室（8620）85221601
　　　　　营销部（8620）85225284　85228291　85228292（邮购）
传　　真：（8620）85221583（办公室）　85223774（营销部）
邮　　编：510630
网　　址：http：//www. jnupress. com　http：//press. jnu. edu. cn

排　　版：广州市天河星辰文化发展部照排中心
印　　刷：广东广州日报传媒股份有限公司印务分公司

开　　本：787mm×1092mm　1/16
印　　张：7.25
字　　数：108 千
版　　次：2014 年 5 月第 1 版
印　　次：2014 年 5 月第 1 次

定　　价：22.00 元

（暨大版图书如有印装质量问题，请与出版社总编室联系调换）

总　序

当前，提高教育教学质量已成为我国职业教育的核心问题，而教育教学质量的提高与中职学校内部的诸多因素有关，如办学理念、师资水平、课程体系、实践条件、生源质量以及教学评价等等。在这些影响因素中，无论从教学理论还是从教育实践来看，课程都是一个非常重要的因素。课程作为学校向学生提供教育教学服务的产品，不但对教学质量起着关键作用，而且也决定着学校核心竞争力和可持续发展能力。

"国家中等职业教育改革发展示范学校建设计划"的启动，标志着我国职业教育进入了一个前所未有的重要的改革阶段，课程建设与教学改革再次成为中职学校建设和发展的核心工作。广州市轻工高级技工学校作为"国家中等职业教育改革发展示范学校建设计划"的第二批立项建设单位，在"校企双制、工学结合"理念的指导下，经过两年的大胆探索与尝试，其重点专业的核心课程从教学模式到教学方法、从内容选择到评价方式等都发生了重大的变革；在一定程度上解决了长期以来困扰职业教育的两个重要问题，即课程设置、教学内容与企业需求相脱离，教学模式、教学方法与学生能力相脱离的问题；特别是在课程体系重构、教学内容改革、教材设计与编写等方面取得了可喜的成果。

广州市轻工高级技工学校计算机网络技术专业是国家示范性重点建设专业，采用目前先进的职业教育课程开发技术——工作过程导向的"典型工作任务分析法"（BAG）和"实践专家访谈会"（EXWOWO），通过整体化的职业资格研究，按照"从初学者到专家"的职业成长的逻辑规律，重新构建了学习领域模式的专业核心课程体系。在此基础上，将若干学习领域课程作为试点，开展了工学结合一体化课程实施的探索，设计并编写了用于帮助学生自主学习的学习材料——工作页。工作页作为学习领域课程教学实施中学生所使用的主要材料，能有效地帮助学生完成学习任务，实现了学习内容与职业工作的成功对接，使工学结合的理论实践一体化教学成为可能。

同时，丛书所承载的编写理念与思路、体例与架构、技术与方法，希望能为我国职业学校的课程与教学改革以及教材建设提供可供借鉴的思路与范式，起到一定的示范作用！

编委会
2014 年 3 月

前　言

当今无纸化电子办公越来越普及，无论是政府还是企业，不管大小，都需要建立自己的办公网络，实现安全、稳定和快速的网络办公环境。企业需要能建立稳定、高可用性网络的专业人才。

本书是以工作过程为导向，从客户取得网络需求，网络管理员进行信息收集后，进行合理分析，完成符合标准的网络规划设计。在客户提出修改意见，修改完善方案后，进行设备和材料选购，再进行施工实现，最后监控设备的运行情况，为网络提供维护服务等一系列工作。

本书以工作项目为载体，将组建小型网络需掌握的知识与技能重组于各项目和工作任务中，按照由浅入深、循序渐进的教学规律，制定不同等级的工作项目，按照工作过程中的能力需求分解成以下4种学习情境：

（1）SOHO 家庭网络的组建——能掌握计算机网络基础知识和交换机、调制解调器等网络设备知识，针对 SOHO 家庭用户，作出 SOHO 网络的需求分析，撰写网络规划方案，选择网络设备，作出预算，连接设备和线缆，做好 IP 地址配置，进行连通性测试，进行后期维护。

（2）小型电子商务企业网络的组建——能掌握路由器设备性能参数，做出合适的选择，连接网络设备和线缆，配置网络设备，配置 IP 地址，进行网络测试，撰写网络说明书，协助客户维护网络。

（3）学校教学与办公网络的组建——能掌握三层核心交换机和

高性能路由器的性能参数，进行合理的设备选型，制订设计方案并予以实施。完成网络设备的配置与管理。做好网络故障应急处理方案，及时处理客户网络故障。

（4）小型商业银行网络的组建——能掌握多三层核心交换机、硬件防火墙的性能参数，会配置交换机冗余备份，保证网络数据高效传输和交换，配置路由器的动态路由协议，根据网络规划方案，完成多园区网络的配置，并提供网络故障应急响应，在可以容忍的时间内完成网络故障排除。

本书注重工作过程引导，注重实践性和可操作性，知识性内容可通过互联网查询、图书馆查询、补充资料等方式提高学生自我获取知识的能力。由于作者学术水平有限，书中难免存在不足和疏漏之处，恳请广大读者批评指正。

编　者
2014 年 3 月

目　录

项目一

SOHO 家庭网络的组建

 学习目标 ◎

为了组建 SOHO 家庭互联网络，需要学习网络基本知识，了解组建家庭网络的硬件设备，熟悉网络组建的基本技术，需要掌握的知识和技能有：

1. 能掌握计算机网络基础知识和交换机、调制解调器等网络设备知识；

2. 针对 SOHO 家庭用户，作出 SOHO 网络的需求分析；

3. 撰写网络规划方案，画出网络拓扑结构图，选择网络设备，作出预算；

4. 能制作双绞线，连接设备和线缆，做好 IP 地址配置；

5. 能共享网络资源，进行连通性测试，进行后期维护。

 内容结构

1. 网络概念；

2. 网络功能；

3. 网络组成设备；

4. 网卡功能；

5. 网络传输介质；

6. 网络拓扑结构；

7. 网络 IP 地址与配置；

8. 双绞线制作；

9. 网络互联；

10. 网络资源共享；

11. 什么是网络；

12. 家用上互联网设备；

13. 家庭路由器与集线器；

14. 电脑网卡；

15. 线缆连接；

16. 网络测试；

17. 设备性能参数识读；

18. 了解设备价格；

19. 简单网络问题诊断。

 学习情境描述

　　随着 21 世纪网络时代的全面到来，真正意义上的家庭办公将完全成为可能。家庭办公（亦称小办公室）的英文为 Small Office Home Office（简称 SOHO）。SOHO 于 20 世纪 80 年代初期出现在美国，那时的 SOHO 是追求另类生活的艺术家们聚集的地方。这之后，日本人顺应时代的需要，建造出了 SO-HO 类型住宅，以供那些小型或是家庭办公者之需。2000 年，中国的住宅建筑设计师们在北京提出了适应未来发展的 SOHO 型住宅的全新设计方案，这一方案的理论基础既是对以前住宅设计的经验总结，也是对未来住宅功能的全新定义，即"住宅将是社会生活的单位空间"。

　　小林是一名创业者，在家里创办公司，需要建立家庭办公网络，家里原有一台计算机，最近因为需要向客户展示产品，决定再购买一台笔记本电脑。由于办公文件经常随机存放在各台计算机中，使用时需要从一台计算机拷贝到另外一台计算机，非常不方便。小林希望能提高效率，把家中分散的计算机连接起来，组建 SOHO 网络环境，通过网络来传输文件，共享文件信息并能连接上互联网。

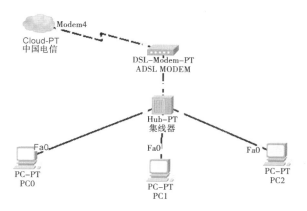

SOHO 家庭网络拓扑图

第一部分 学习准备

第1步：知识准备

一、常见的家庭网络

SOHO 家庭网络是最常见的网络形式，可以实现网络内部设备之间的相互通信、网络资源相互共享，为生活和工作带来方便。尝试描述你所理解的SOHO网络样式。

1. 什么是网络

宽带上网

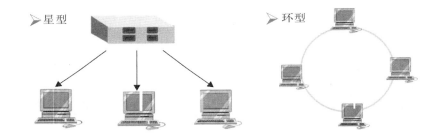

计算机网络是利用通信设备和线路将地理位置不同的、功能独立的多个计算机系统互连起来，以功能完善的网络软件（即网络通信协议、信息交换方式、网络操作系统等）实现网络资源共享和信息传递的系统。

2. 网络的分类

（1）按地理位置分类。

$$
\left.\begin{array}{l}
\text{局域网（LAN）} \\
\text{城域网（MAN）} \\
\text{广域网（WAN）} \\
\text{互联网（Internet）}
\end{array}\right\} \quad
\begin{array}{l}
\text{局域网（LAN）} \\
\\
\text{广域网（WAN）}
\end{array}
$$

（2）按网络拓扑结构分类。

➤ 星型

➤ 环型

优点：扩展方便

缺点：对中心节点的依赖较大

优点：结构简单，扩展方便

缺点：单点故障可能会影响全网

▷总线型

优点：结构简单
缺点：单点故障可能会影响全网

▷树型

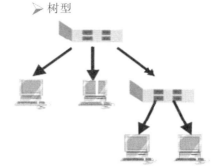

优点：扩展方便
缺点：对非叶子节点的依赖大

▷网型

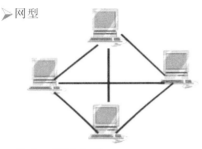

优点：扩展方便
缺点：冗余太多

二、常用家庭网络的硬件组成

1. 网络工作站

网络中的计算机也称为网络工作站，英文名称为 Workstation，一般使用普通的 PC 承担。它是一种以个人计算机和分布式网络计算为基础，主要面向专业应用领域，具备强大的数据运算与图形、图像处理能力，为满足工程设计、动画制作、科学研究、软件开发、金融管理、信息服务、模拟仿真等专业领域而设计开发的高性能计算机。

工作站是一种高档的微型计算机，通常配有高分辨率的大屏幕显示器及容量很大的内部存储器和外部存储器，并且具有较强的信息处理功能和高性能的图形、图像处理功能以及联网功能。如下所示，左图为较早期的工作站，右图为现代工作站。

2. 网络服务器

网络服务器作为硬件来说，通常是指那些具有较高计算能力，能够提供给多个用户使用的计算机。服务器与 PC 机的不同点太多了，例如 PC 机在一个时刻通常只为一个用户服务。服务器与主机不同，主机是通过终端给用户使用的，服务器是通过网络给客户端用户使用的。

根据不同的计算能力，服务器又分为工作组级服务器、部门级服务器和企业级服务器。服务器操作系统是指运行在服务器硬件上的操作系统。服务器操作系统需要管理和充分利用服务器硬件的计算能力并提供给服务器硬件上的软件使用。

现在，市场上有很多为服务器作平台的操作系统。例如类 Unix 操作系统，由于是 Unix 的后代，大多都有较好的作服务器平台的功能。常见的类 Unix 服务器操作系统有 Linux、FreeBSD、Solaris、Mac OS X Server、Open-BSD、NetBSD 和 SCO OpenServer。微软也出版了 Microsoft Windows 服务器版本，像早期的 Windows NT Server，现代的 Windows 2000 Server 和 Windows Server 2003。而最新版的 Windows Server 2008 也已经面世了。

3. 网卡

计算机与外界局域网的连接是通过主机箱内插入一块网络接口板（或者是在笔记本电脑中插入一块 PCMCIA 卡）。网络接口板又称为通信适配器或网络适配器（adapter）或网络接口卡 NIC（Network Interface Card），但是现在更多的人愿意使用更为简单的名称"网卡"，如下图所示。

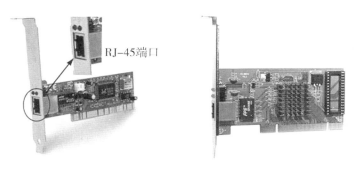

RJ-45端口

台式机网卡

网卡有多种分类方法，根据不同的标准有不同的分法。由于目前的网络有 ATM 网、令牌环网和以太网之分，所以网卡也有 ATM 网网卡、令牌环网网卡和以太网网卡之分。以太网的连接比较简单，使用和维护起来都比较容易，所以目前市面上的网卡也以以太网网卡居多。

网卡还可按其传输速率（即其支持的带宽）分为 10Mbps 网卡、100Mbps 网卡、10/100Mbps 自适应网卡以及千兆网卡。其中，10/100Mbps 自适应网卡是现在最流行的一种网卡，它的最大传输速率为 100Mbps，该类网卡可根据网络连接对象的速度，自动确定是工作在 10Mbps 还是 100Mbps 速率下。千兆网卡的最大传输速率为 1 000Mbps。目前我们通常使用的是 10/100Mbps 自适应网卡。

4. 传输介质——双绞线

（1）双绞线概述。

双绞线（Twisted Pair）是由两条相互绝缘的导线按照一定的规格互相缠绕（一般以顺时针缠绕）在一起而制成的一种通用配线，属于信息通信网络传输介质。双绞线过去主要是用来传输模拟信号，但现在同样适用于数字信号的传输。

（2）双绞线的种类。

双绞线分为屏蔽双绞线（Shielded Twisted Pair，STP）与非屏蔽双绞线（Unshielded Twisted Pair，UTP），如下图所示。

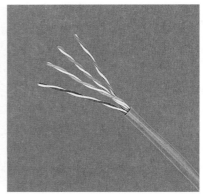

屏蔽双绞线   非屏蔽双绞线

屏蔽双绞线在双绞线与外层绝缘封套之间有一个金属屏蔽层。屏蔽层可减少辐射，防止信息被窃听，也可阻止外部电磁干扰的进入，使屏蔽双绞线比同类的非屏蔽双绞线具有更高的传输速率。非屏蔽双绞线是一种数据传输线，由四对不同颜色的传输线所组成，广泛用于以太网路和电话线中。非屏蔽双绞线电缆最早在 1881 年被用于贝尔发明的电话系统中。1900 年美国的电话线网络亦主要由 UTP 所组成，由电话公司所拥有。

双绞线常见的有三类线、五类线和超五类线，以及六类线，前者线径细而后者线径粗，型号如下：

①一类线：主要用于语音传输（一类标准主要用于 20 世纪 80 年代初之前的电话线缆），不同于数据传输。

②二类线：传输频率为 1MHz，用于语音传输和最高传输速率为 4Mbps 的数据传输，常见于使用 4Mbps 规范令牌传递协议的旧的令牌网。

③三类线：指目前在 ANSI 和 EIA/TIA568 标准中指定的电缆，该电缆的传输频率为 16MHz，用于语音传输及最高传输速率为 10Mbps 的数据传输，主要用于 10BASE – T。

④四类线：该类电缆的传输频率为 20MHz，用于语音传输和最高传输速率为 16Mbps 的数据传输，主要用于基于令牌的局域网和 10BASE – T/100BASE – T。

⑤五类线：该类电缆增加了绕线密度，外套一种高质量的绝缘材料，传输频率为 100MHz，用于语音传输和最高传输速率为 1 000Mbps 的数据传输，

主要用于100BASE－T和1 000BASE－T网络。这是最常用的以太网电缆。

⑥超五类线：该类线具有衰减小、串扰少的优点，并且具有更高的衰减与串扰的比值（ACR）和信噪比（Structural Return Loss）、更小的时延误差，性能得到很大提高。超五类线主要用于千兆位以太网（1 000Mbps）。

⑦六类线：该类电缆的传输频率为1MHz～250MHz，六类布线系统在200MHz时综合衰减串扰比（PS－ACR）应该有较大的余量，它提供两倍于超五类的带宽。六类布线的传输性能远远高于超五类标准，最适用于传输速率高于1Gbps的应用。六类与超五类的一个重要的不同点在于：六类改善了在串扰以及回波损耗方面的性能，对于新一代全双工的高速网络应用而言，优良的回波损耗性能是极重要的。六类标准中取消了基本链路模型，布线标准采用星形的拓扑结构，要求的布线距离为：永久链路的长度不能超过90m，信道长度不能超过100m。

通常，计算机网所使用的是三类线和五类线，其中10BASE－T使用的是三类线，100BASE－T使用的是五类线。

第2步：基础知识和技能检查

通过学习基础知识，查阅书本资料和互联网，回答以下问题：

（1）什么是网络，网络的基本功能是什么？

（2）组成网络的基本设备有哪些？

（3）网卡有什么功能和作用？著名品牌有哪些？

（4）用来作网络传输介质的有哪些？分别有哪些特点？

（5）网络基本拓扑结构有哪些？请分别绘制出它们的拓扑图。

（6）什么是 LAN？它的工作原理是什么？

（7）网络 IP 地址有哪几种分类？它们的地址范围分别是什么？

（8）如何测试家庭网络连通性，并排除常见故障？

第二部分　计划与实施

1. 制订计划

制订完成"SOHO 家庭网络的组建"任务的计划，表格内给出的工作内容为参考工作内容，可自行设置并设定工作顺序。

顺序	工作内容	开始时间	结束时间	负责人
	使用 Internet			
	制作双绞线			
	共享网络资源			
	SOHO 网络组建			

2. 人员分工

序号	岗位	工作人员姓名
1	项目经理	
2	实施人员	
3	验收人员	
4	宣传展示人员	

工作任务一：使用 Internet

步骤一：访问新浪，使用 WWW 网。

步骤二：访问百度，使用搜索引擎。

步骤三：访问网易邮箱，收发电子邮件。

工作任务二：制作双绞线

步骤一：剥线。

步骤二：排序。

步骤三：插入。

步骤四：压线。

步骤五：测试。

工作任务三：共享网络资源

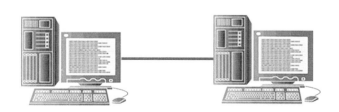

步骤一：打开"我的电脑"对话框。

步骤二：选择并右击"共享文件夹"，在弹出的快捷菜单中选择"共享和安全"。

步骤三：再打开"文件夹属性"对话框中的"共享"选项卡。

步骤四：设置该文件夹为共享属性。

工作任务四：SOHO 网络组建

第 1 步：需求分析

需求一：小林希望把家中各台计算机连接起来，组成 SOHO 网络，如何满足他的要求？将你的分析写到下框中。

分析结果：

需求二：小林希望使用组建完成的家庭网络，共享网络资源。如何满足他的要求？将你的分析写到下框中。

分析结果：

第2步：方案设计

一、收集项目相关信息

1. 编制项目信息采集表

家庭	家庭尺寸		最大办公人数	现有人数	拥有计算机数量	未来3年预期计算机增长数	资金预算
	长	宽					

2. 绘制家庭布局草图

第3步：设计 SOHO 小型网络组建方案

（1）组建 SOHO 小型网络，需要用到哪些材料和设备？

（2）挑选多种不同品牌和型号的产品，填写产品性能报告。根据产品性能和价格比较，挑选较为适合使用的产品。

设备1	厂商	型号	主要参数	相关评价	价格

设备2	厂商	型号	主要参数	相关评价	价格

设备3	厂商	型号	主要参数	相关评价	价格

最后确定选用的设备为：

网络设备和材料清单：

序号	名称	品牌	型号	数量	单价	金额
合计						

（3）描述网络拓扑图。根据选择的产品，绘制网络拓扑结构图。

（4）查阅所选用的家庭路由器的说明书，列出其包括的主要功能。

（5）在上述查阅的功能中，本项目需要用到哪些功能设置？

（6）整理上述相关资料，撰写 SOHO 小型家庭网络组建方案。

第4步：网络组建方案的实施

（1）查阅相关资料，制作小型家庭网络组建中的双绞线，并回答以下问题。

①根据拓扑结构图，需要制作 ＿＿＿＿ 条直通线，＿＿＿＿ 条交叉线。

②描述双绞线线序的标准，填入下表。

线序标准	1	2	3	4	5	6	7	8
EIA／TIA 568A								
EIA／TIA 568B								

③在表中填入双绞线的制作标准，并说明一般使用在什么设备之间的连接。

制作标准	直通线	交叉线
左端标准	□ EIA／TIA 568A □ EIA／TIA 568B	□ EIA／TIA 568A □ EIA／TIA 568B
右端标准	□ EIA／TIA 568A □ EIA／TIA 568B	□ EIA／TIA 568A □ EIA／TIA 568B
用于连接设备	□ 同型设备　　□ 异型设备	□ 同型设备　　□ 异型设备

④在下表中填入测试直通线时，测线仪的指示灯的工作状态。

指示灯点亮顺序	1	2	3	4	5	6	7	8
左端指示灯	1	2	3	4	5	6	7	8
右端指示灯	1							

⑤在下表中填入测试交叉线时，测线仪的指示灯的工作状态。

指示灯点亮顺序	1	2	3	4	5	6	7	8
左端指示灯	1	2	3	4	5	6	7	8
右端指示灯	3							

⑥制作双绞线的过程中，你认为最重要的环节是什么？

⑦简单阐述制作双绞线过程中的心得体会。

（2）根据拓扑结构图，使用自己制作的双绞线进行连接。请描述出拓扑结构图中各设备之间用哪种线进行连接。

设备1	设备2	直通线/交叉线

（续上表）

设备 1	设备 2	直通线/交叉线

（3）完成接线后，需要对 PC 机进行 IP 地址和子网掩码的设置。

①根据配置状况，填写下表。

主机号码	IP 地址	子网掩码	默认网关	MAC 地址

②运用 Ping 命令测试各台主机是否互通。请记录测试情况。

主机名 ＼ 主机名				

（4）查看家庭路由器说明书，对家庭路由器进行简单配置，使局域网内的计算机可以访问互联网。

①登录家庭路由器的默认账号为_____，默认密码为_____。

②在"基本设置"中，Internet 连接类型应选择_____。

③对于本 SOHO 网络方案，应如何对"网络设置"进行配置，请简单阐述。

④测试各 PC 机是否可以访问互联网，并进行相应记录。

主机名称						
能否访问互联网						

第三部分　总结与反馈

方案展示与评价：

以小组为单位，将设计的方案和实施的效果拍成照片，制作成 PPT，进行方案展示，各组给予点评，教师也为每组作品作出评价。

各小组点评意见记录：

教师点评意见记录：

自我评价表

1. 请总结本任务的学习要点：

2. 任务实施情况，请自我评价_____
  A. 非常好（91~100分）　　B. 比较好（81~90分）　　C. 一般（66~80分）
  D. 不太好（51~65分）　　E. 基本完成不了（50分或以下）
3. 知识掌握情况评价
　①对计算机网络的掌握_____
　　A. 非常好（91~100分）　B. 比较好（81~90分）　　C. 一般（66~80分）
　　D. 不太好（51~65分）　E. 基本完成不了（50分或以下）
　②集线器使用掌握情况_____
　　A. 非常好（91~100分）　B. 比较好（81~90分）　　C. 一般（66~80分）
　　D. 不太好（51~65分）　E. 基本完成不了（50分或以下）
　③家庭路由器使用掌握情况_____
　　A. 非常好（91~100分）　B. 比较好（81~90分）　　C. 一般（66~80分）
　　D. 不太好（51~65分）　E. 基本完成不了（50分或以下）
　④连接双绞线制作能力_____
　　A. 非常好（91~100分）　B. 比较好（81~90分）　　C. 一般（66~80分）
　　D. 不太好（51~65分）　E. 基本完成不了（50分或以下）
　⑤共享文件设置能力_____
　　A. 非常好（91~100分）　B. 比较好（81~90分）　　C. 一般（66~80分）
　　D. 不太好（51~65分）　E. 基本完成不了（50分或以下）

4. 在这次的任务学习中，你遇到了什么困难？在哪些方面需要进一步改进？
小组点评：A. 优秀　B. 良好　C. 一般　D. 不及格　　　　组长签名：   　　　　　　　　本人签名：　　　　　　完成日期：

项目一　SOHO家庭网络的组建

21

项目二

小型电子商务企业网络的组建

 学习目标 ◎————————————————————————

为了提高网络速度，构建以交换机为核心的电子商务办公网络，了解交换机的配置和管理技术，需要具备以下知识和技能：

1. 能掌握路由器设备性能参数，作出合适的选择，连接网络设备和线缆，配置管理交换机、无线路由器网络设备，配置 IP 地址；

2. 能搭建网络服务器，进行网络测试，撰写网络说明书，协助客户维护网络。

 内容结构

1. 了解网络互联设备，掌握交换式网络核心设备——交换机；

2. 认识交换机硬件；

3. 使用交换机优化网络；

4. 掌握交换机配置基础；

5. 配置交换机；

6. 网络服务器的配置；

7. IIS 服务器的配置；

8. 配置 FTP 服务器；

9. 什么是二层交换机；

10. 无线路由器配置；

11. IP 地址规划。

 学习情境描述

相信"电子商务"这个名词对于大多数人来说都不会陌生，目前无论对于企业还是个人来说，利用网络来进行交易已经是十分平常的事情，而"网购"也逐渐成为更多人消费的主要方式。正因如此，无数电子商务企业也正以惊人的发展速度在国内成长和崛起。

网络使得电子商务真正成为现实，从而成为企业最先进的管理手段，随着 3G、WIFI 等无线网络的应用普及，随时随地的网络连接也促使移动办公得到了更加快速的发展。企业不仅在内部形成网络，做到信息共享，而且还与外部网络沟通，形成互联网络。先进的移动办公管理技术的应用，不仅极大地节约了企业的人力、物力，还提高了企业的运行效率。

淘淘公司由于电商业务扩大，需要扩建原有的办公网络，核心采用高性能三层交换机，通过三层交换机使得各个部门能够互相访问。销售人员的增加使得销售部原有的交换机端口数不够用，另外由于线路问题，曾经导致淘淘公司的部门交换机与核心交换机通信中断。现财务部门及后勤部门的接入交换机拥有一个千兆的上联接口，市场推广部用一个百兆接口与核心相连，但该部门经常要向总经理传输大容量的数据，一条百兆链路已经不能满足该项需求。

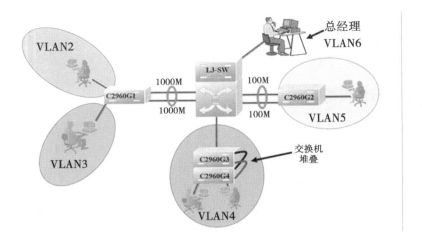

电子商务公司网络拓扑结构

第一部分　学习准备

一、如何进行网络规划与需求分析

需求分析从字面上的意思来理解就是找出"需"和"求"的关系，从当前业务中找出最需要重视的方面，从已经运行的网络中找出最需要改进的地方，满足客户提出的各种合理要求，依据客户要求修改已经成形的方案。

1. 应用背景分析

应用背景需求分析概括了当前网络应用的技术背景，介绍了行业应用的方向和技术趋势，说明本企业网络信息化的必然性。

应用背景需求分析要回答一些关于实施网络集成的问题。

（1）国外同行业的信息化程度如何，取得哪些成效？

（2）国内同行业的信息化趋势如何？

（3）本企业信息化的目的是什么？

（4）本企业拟采用的信息化步骤如何？

举例：随着计算机技术和网络技术的发展，家庭计算机的普及，"上网"已经成为人们的常用语，各种信息网、服务网已经成为现代人们生活中必不可少的重要内容。一般，对于宽带住宅小区用户群来说，一个小区或一栋大楼，可以 10M/100Mbps 带宽接入 IP 城域网，利用小区或大楼的综合布线为用户提供高速上网的服务。信息化小区/大楼的宽带接入是一种新的上网接入方式，具有接入成本低、带宽高、使用简便等特点，令房地产开发商、物业管理商、住宅用户等多方受益。住宅用户更可以享受到 10M 以太网直接上网的便利，不需占用电话线，再不必为带宽烦恼。

2. 业务需求

业务需求分析的目标是明确企业的业务类型、应用系统软件种类，以及它们对网络功能指标（如带宽、服务质量 QOS）的要求。

业务需求是企业建网中首要的环节，是进行网络规划与设计的基本依据。

通过业务需求分析要为以下方面提供决策依据：

（1）需实现或改进的企业网络功能有哪些？

（2）需要集成的企业应用有哪些？

（3）需要电子邮件服务吗？

（4）需要 Web 服务吗？

（5）需要上网吗？带宽是多少？

（6）需要视频服务吗？

（7）需要什么样的数据共享模式？

（8）需要多大的带宽范围？

（9）计划投入的资金规模是多少？

举例：

（1）某代理国外机电产品的公司有一幢四层办公楼，分别设立研发一部和研发二部，每部门 30 人左右，预计未来 5 年将增加到每部门 60 人，另外公司还设有人事部、营销部、企划部、财务部、秘书处和总经理办公室等，总体员工人数在 300 人左右。

（2）公司在其他大城市派驻有 7 个办事处，负责产品销售、技术支持和产品调研等，需要向公司反馈最新信息。

（3）为了适应办公信息化的需要，节约办公经费，公司决定实施网络自动化办公，选择 Intranet 网络平台，并在原有软硬件基础上开发网络自动化办公系统，实现自动化办公（Office Automation，OA），并在将来有选择地实施

EC（B2B）、CRM（客户关系管理）等。

（4）公司原有一套 C/S 的财务管理系统，并且在部分部门连接有简单的 10BASE–T 对等网，为了保护已有的投资，公司希望能尽可能地保留可用的设备和软件。

3. 管理需求

网络的管理是企业建网不可或缺的方面，网络按照设计目标提供稳定的服务主要依靠有效的网络管理。高效的管理策略能提高网络的运营效率，建网之初就应该重视这些策略。

网络管理的需求分析要回答以下类似的问题：

（1）是否需要对网络进行远程管理（远程管理可以帮助网络管理员利用远程控制软件管理）？

（2）是否使用网络设备，使网管工作更方便、更高效？

（3）谁来负责网络管理？

（4）需要哪些管理功能？如需不需要计费，是否要为网络建立域，选择什么样的域模式等。

（5）选择哪个供应商的网管软件，是否有详细的评估？

（6）选择哪个供应商的网络设备，其可管理性如何？

（7）需不需要跟踪和分析处理网络运行信息？

（8）将网管控制台配置在何处？

（9）是否采用了易于管理的设备和布线方式？

4. 安全性需求

企业安全性需求分析要明确以下几点：

（1）企业的敏感性数据的安全级别及其分布情况。

（2）网络用户的安全级别及其权限。

（3）可能存在的安全漏洞，这些漏洞对本系统的影响程度如何？

（4）网络设备的安全功能要求。

（5）网络系统软件的安全评估。

（6）应用系统安全要求。

（7）采用什么样的杀毒软件？

（8）采用什么样的防火墙技术方案？

（9）安全软件系统的评估。

（10）网络遵循的安全规范和达到的安全级别。

举例：

（1）内部网络使用 VLAN 分段，隔离广播域，防止网络窃听和非授权的跨网段访问。

（2）使用防火墙分割内部网和外部网，不允许外部用户访问内部 Web 服务器、财务数据库和 OA 服务器等，内部网用户都必须经过代理服务器转发数据包。

（3）远程接入用户使用 VPN 方式访问总部网络，并且限制远程用户可以访问的主机范围。

5. 通信量需求

通信量需求是从网络应用出发，对当前技术条件下可以提供的网络带宽做出评估，从下列几点考虑：

（1）未来有没有对高带宽服务的要求？

（2）需不需要宽带接入方式，本地能够提供的宽带接入方式有哪些？

（3）哪些用户经常对网络访问有特殊的要求？如行政人员经常要访问 OA 服务器，销售人员经常要访问 ERP 数据库等。

（4）哪些用户需要经常访问 Internet？如客户服务人员经常要收发 E – mail。

（5）哪些服务器有较大的连接数？

（6）哪些网络设备能提供合适的带宽且性价比较高？

（7）需要使用什么样的传输介质？

（8）服务器和网络应用能够支持负载均衡吗？

具体设计时可参照下表进行网络通信需求量分析：

不同应用对应的带宽需求

应用类型	基本带宽需求	备注
PC 连接	14.4kb/s ~ 56kb/s	远程连接，FTP、HTTP、E – mail
文件服务	100kb/s 以上	局域网内文件共享，C/S 应用
压缩视频	256kb/s 以上	Mp3、rm 等流媒体传输
非压缩视频	2Mb/s 以上	Vod 视频点播、视频会议等

举例：

鉴于现在大多数网络用户都喜欢上网看电影和下载软件等，预计流量高发时期，会有近30%的用户同时进行视频点播和近40%的用户下载软件，还有30%的用户使用带宽比较小的服务，所以网络主干需要近100Mbps的带宽。以上带宽是依据三栋楼的实际所需计算出来的，而对于整个小区的网络主干接近于它的10倍，即采用1 000Mbps的带宽。

6. 网络扩展性需求分析

网络的扩展性有两层含义，其一是指新的部门能够简单地接入现有网络；其二是指新的应用能够无缝地在现有网络上运行。

扩展性分析要明确以下指标：

（1）企业需求的新增长点有哪些？

（2）已有的网络设备和计算机资源有哪些？

（3）哪些设备需要淘汰，哪些设备还可以保留？

（4）网络节点和布线的预留比率是多少？

（5）哪些设备便于网络扩展？

（6）主机设备的升级性能如何？

（7）操作系统平台的升级性能如何？

7. 获得需求信息的方法

（1）实地考察。

实地考察是工程设计人员获得第一手资料采用的最直接的方法，也是必需的步骤。

（2）用户访谈。

用户访谈要求工程设计人员与招标单位的负责人通过面谈、电话交谈、电子邮件等通信方式以一问一答的形式获得需求信息。

（3）问卷调查。

问卷调查通常对数量较多的最终用户提出，询问其对将要建设的网络应用的要求。

问卷调查的方式可以分为不记名问卷调查和记名问卷调查。

（4）向同行咨询。

将你获得的需求分析中不涉及商业机密的部分发布到专门讨论网络相关

技术的论坛或新闻组中，请同行给你参考你制定的设计说明书，这时候，你会发现热心于你的方案的人们通常会给出许多中肯的建议。

8. 归纳整理需求信息

通过各种途径获取的需求信息通常是零散的、无序的，而且并非所有需求信息都是必要的或当前可以实现的，只有对当前系统总体设计有帮助的需求信息才应该保留下来，其他的仅作为参考或以后升级使用。

（1）将需求信息用规范的语言表述出来。

（2）对需求信息进行列表归纳。

需求信息也可以用图表来表示。图表带有一定的分析功能，常用的有柱状图、直方图、折线图和饼图。

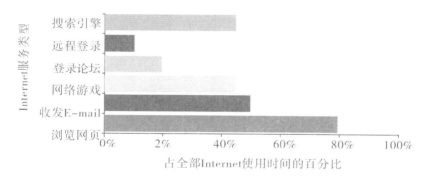

Internet 各项服务统计直方图

二、如何设置路由器上网

1. 应用背景

无线路由器可以实现宽带共享功能，为局域网内的电脑、手机、笔记本等终端提供有线、无线接入网络。

2. 拓扑结构

根据入户宽带线路的不同，可以分为网线、电话线、光纤三种接入方式。具体连接方式请参考下列动态拓扑图。

1.电话线入户

电话线入户线路连接图

2. 光纤入户

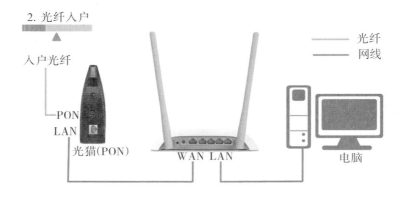

光纤入户线路连接图

3. 网线入户

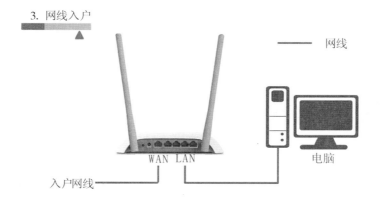

网线入户线路连接图

连接完成后，检查路由器的指示灯是否正常。

指示灯	描述	正常状态
✿	系统状态指示灯	常亮或闪烁
🖵	局域网状态指示灯	常亮或闪烁
⌀	广域网状态指示灯	常亮或闪烁

3. 设置步骤

第一步，设置连接路由器的电脑。

设置路由器之前，需要将操作电脑设置为自动获取 IP 地址。如果您的电脑有线网卡已经设置为动态获取 IP 地址，则可以直接进行第二步。

第二步，登录路由器管理界面。

（1）输入管理地址。

打开电脑桌面上的 IE 浏览器，清空地址栏并输入 192.168.1.1（路由器默认管理 IP 地址），回车后页面会弹出登录框。

（2）登录管理界面。

在对应的位置分别输入用户名和密码，点击确定。默认的用户名和密码均为 admin。

如果输入管理地址后，无法登录管理界面，请点击参考：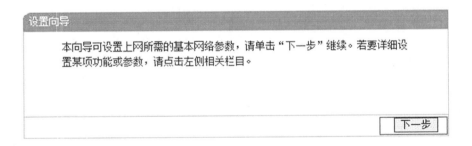。

第三步，按照设置向导设置路由器。

（1）开始设置向导。

进入路由器的管理界面后，点击设置向导，点击下一步。

（2）选择上网方式。

如果您通过运营商分配的宽带账号密码进行 PPPoE 拨号上网，则按照文章指导继续设置。如果是其他形式的上网方式，请选择并参考对应设置过程：

上网方式选择 PPPoE（ADSL 虚拟拨号），点击下一步。

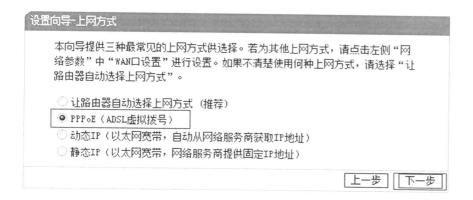

（3）输入上网宽带账号和密码。

在对应设置框填入运营商提供的宽带账号和密码，并确定该账号密码输入正确。

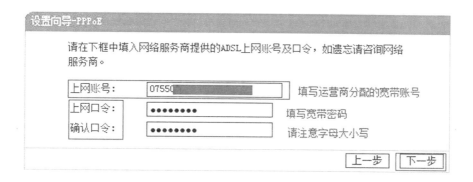

（4）设置无线参数。

SSID 即无线网络名称（可根据实际需求设置），勾选 WPA – PSK/WPA2 – PSK 并设置 PSK 无线密码，点击下一步。

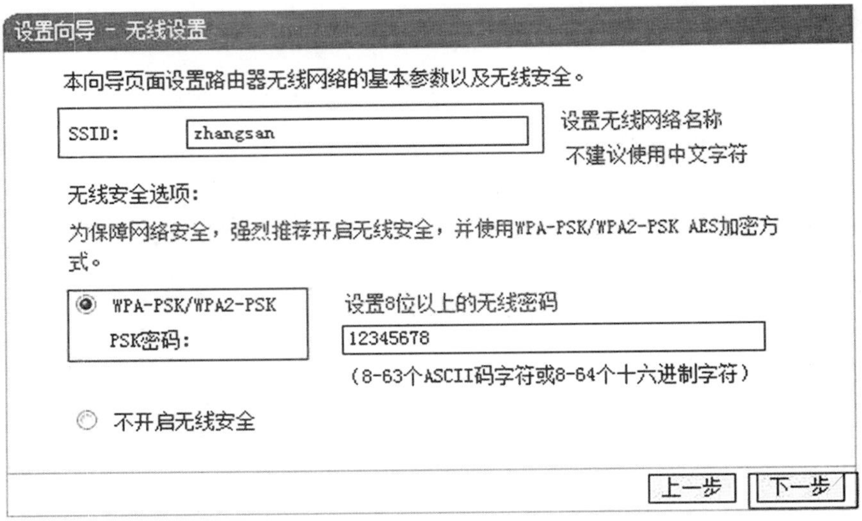

设置向导 - 无线设置

本向导页面设置路由器无线网络的基本参数以及无线安全。

SSID: zhangsan　　　　　设置无线网络名称
　　　　　　　　　　　　　　不建议使用中文字符

无线安全选项:

为保障网络安全,强烈推荐开启无线安全,并使用WPA-PSK/WPA2-PSK AES加密方式。

◉ WPA-PSK/WPA2-PSK　　　设置8位以上的无线密码
PSK密码:　　　　　　　　　12345678
　　　　　　　　　　　　　　(8-63个ASCII码字符或8-64个十六进制字符)

◎ 不开启无线安全

上一步　下一步

（5）设置完成，重启路由。

点击"重启"，弹出对话框点击"确定"。

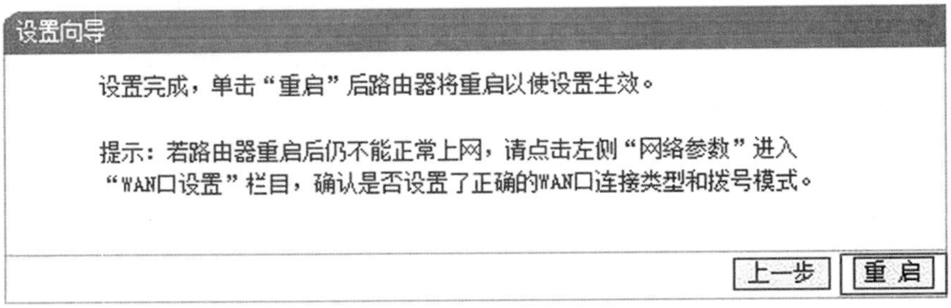

设置向导

设置完成,单击"重启"后路由器将重启以使设置生效。

提示:若路由器重启后仍不能正常上网,请点击左侧"网络参数"进入"WAN口设置"栏目,确认是否设置了正确的WAN口连接类型和拨号模式。

上一步　重启

第四步，确认设置是否成功。

重启完成后，进入路由器管理界面，点击"运行状态"查看 WAN 口状态，如下图，框内 IP 地址若不为 0.0.0.0，则表示设置成功。

WAN口状态

MAC地址: D8-15-0D-D5-34-6B

IP地址: 220.▮▮▮▮ PPPoE按需连接

子网摘码: 255.255.255.255 确认获取到IP地址等参数

网关: 121.201.33.1

DNS服务器: 121.201.33.1 , 121.201.33.1

上网时间: 0 day(s) 00:00:03 断线

至此，网络连接成功，路由器已经设置完成。

第2步：需求分析

分析一：企业现有网络上网速度缓慢，经常出现故障和堵塞现象，如何解决？将自己的想法写到下框中。

分析二：如何加强优化网络管理功能，实现全网的高效管理呢？说说自己的想法，写到下框中。

分析三：电商企业关键业务都在互联网上，对于提高上互联网的速度，国内有很多 ISO 服务提供商，亦有很多套餐，你有什么好的选择建议呢？将自己的建议写在下框中。

第 3 步：对第 2 步中问题的分析和解决

（1）集线器连接的办公网络。

（2）交换机连接的办公网络。

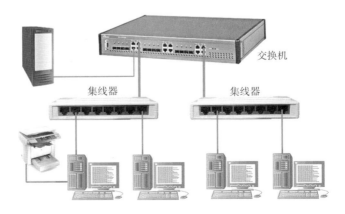

交换机

集线器   集线器

（3）交换机改造的网络有什么优点？请查找相关内容，填写到下框中。

第 4 步：交换机的原理学习

（1）什么是交换式网络？

（2）什么是交换机？

（3）集线器与交换机的区别是什么？

（4）交换机的基本功能有哪些？

（5）Modem。

Modem，其实是 Modulator（调制器）与 Demodulator（解调器）的简称，中文称为调制解调器（港台称之为数据机）。根据 Modem 的谐音，也经常称之为"猫"。

所谓调制，就是把数字信号转换成电话线上传输的模拟信号；解调，即把模拟信号转换成数字信号。

调制解调器的英文是 Modem，它的作用是模拟信号和数字信号的"翻译员"。电子信号分两种，一种是"模拟信号"，一种是"数字信号"。我们使用的电话线路传输的是模拟信号，而 PC 机之间传输的是数字信号。所以当你想通过电话线把自己的电脑连入 Internet 时，就必须使用调制解调器来"翻译"两种不同的信号。连入 Internet 后，当 PC 机向 Internet 发送信息时，由于电话线传输的是模拟信号，所以必须要用调制解调器来把数字信号"翻译"成模拟信号，才能传送到 Internet 上，这个过程叫作"调制"。当 PC 机从 Internet 获取信息时，由于通过电话线从 Internet 传来的信息都是模拟信号，所以 PC 机想要看懂它们，还必须借助调制解调器这个"翻译员"，这个过程叫作"解调"。总的来说就称为"调制解调"。

（6）家用宽带路由器。

路由器是连接因特网中各局域网、广域网的设备，它会根据信道的情况自动选择和设定路由，以最佳路径，按前后顺序发送信号。路由器英文名是 Router，路由器是互联网络的枢纽、"交通警察"。

一般的家用宽带路由器中常被用到的功能有以下几个：

①数据通道功能和控制功能。这是路由器的两大典型功能，数据通道功能包括转发决定、背板转发以及输出链路调度等，一般由特定的硬件来完成；控制功能一般用软件来实现，包括与相邻路由器之间的信息交换、系统配置、系统管理等。

②防火墙功能。网络安全是目前人们最

关心的问题，路由器中内置的防火墙能够起到基本的防火墙功能，它能够屏蔽内部网络的 IP 地址，自由设定 IP 地址、通信端口过滤，可以防止黑客攻击和病毒入侵，用户不需要另外花钱安装其他的病毒防护设备就可以拥有一个比较安全的网络环境。

③虚拟拨号功能。ADSL 接入 Internet 有虚拟拨号和专线接入两种方式。采用虚拟拨号方式的用户采用类似 Modem 和 ISDN 的拨号程序，在使用习惯上与原来的方式没什么不同；采用专线接入的用户只要开机即可接入 Internet。

④DHCP 功能。DHCP（动态主机分配协议）是一个简化主机 IP 地址分配管理的 TCP/IP 标准协议，可避免因手工设置 IP 地址及子网掩码所产生的错误，同时也避免了把一个 IP 地址分配给多台工作站所造成的地址冲突，是安全可靠的设置。用户可以利用 DHCP 服务器管理动态的 IP 地址分配及其他相关的环境配置工作（如 DNS、WINS、Gateway 的设置）。使用 DHCP 服务器大大缩短了配置或重新配置网络中工作站所花费的时间。

⑤网站过滤功能。有了这项功能就可以对整个网络的网站访问进行监控和记录，通过权限组来管理网内的计算机，每个用户都有各自的权限，从而决定网内各成员浏览网站的范围，不允许访问的站点将会被屏蔽，给用户一个清洁的网络环境。

⑥上网权限限制。现在的家庭网络，通常为了限制孩子的上网时间和不正当网络应用，需要对孩子专用计算机的上网权限作适当限制。

第二部分　计划与实施

1. 制订计划

制订完成"电子商务企业网络的组建"任务的计划，表格内给出的工作内容为参考工作内容，可自行设置并设定工作顺序。

顺序	工作内容	开始时间	结束时间	负责人
	认识交换机硬件			
	配置交换机			

（续上表）

顺序	工作内容	开始时间	结束时间	负责人
	FTP 服务器的配置			
	电子商务企业网络的组建			

2. 人员分工

序号	岗位	工作人员姓名
1	项目经理	
2	实施人员	
3	验收人员	
4	宣传展示人员	

工作任务一：认识交换机硬件

【任务目标】

识别交换机的组成硬件。

【材料清单】

交换机 1 台，配置缆线。

【工作过程】

步骤一：认识交换机外观，观察交换机，将观察到的信息填写在下面：

步骤二：认识交换机的硬件组成，把组成交换机的硬件填写到下面：

步骤三：认识交换机接口，把交换机的接口填写到下面：

【验收】

认识交换机硬件设备后，插上电源并连接线缆使用它。

工作任务二：配置交换机

1. 交换机配置命令表

请查找网络资料或相关书本知识，找出思科类交换机的配置命令。

2. 交换机配置实战

（1）交换机改名。

sw--zhangsan > en

sw--zhangsan > enable

Password：

sw--zhangsan#conf

sw--zhangsan#configure t

sw--zhangsan#configure terminal

Enter configuration commands，one per line. End with CNTL/Z.

sw--zhangsan（config）#host

sw--zhangsan（config）#hostname sw-lisi

sw-lisi（config）#

（2）给交换机设置明文密码。

①设密码。

sw-lisi（config）#enab

sw-lisi（config）#enable pass

sw-lisi（config）#enable password lisi

②验证。

sw-lisi >

sw-lisi > en

Password：   //输入的密码在此不会显示；

sw-lisi#

③查看交换机的明文密码。

sw-lisi#show running-config

Building configuration. . .

Current configuration：971 bytes

！

version 12. 1

no service timestamps log datetime msec

no service timestamps debug datetime msec

no service password-encryption

！

hostname sw-lisi

！

enable password lisi

！

！

！

interface FastEthernet0/1

！

interface FastEthernet0/2

！

interface FastEthernet0/3

！

interface FastEthernet0/4

④删除密码。

sw-lisi >

sw-lisi > en

Password：

sw-lisi#config t

sw-lisi#config terminal

Enter configuration commands，one per line. End with CNTL/Z.

sw-lisi（config）#no ?

access-list	Add an access list entry
banner	Define a login banner
boot	Boot Commands
cdp	Global CDP configuration subcommands
clock	Configure time-of-day clock
enable	Modify enable password parameters

hostname	Set system's network name
interface	Select an interface to configure
ip	Global IP configuration subcommands
logging	Modify message logging facilities
mac-address-table	Configure the MAC address table
port-channel	EtherChannel configuration
privilege	Command privilege parameters
service	Modify use of network based services
snmp-server	Modify SNMP engine parameters
spanning-tree	Spanning Tree Subsystem
username	Establish User Name Authentication
vlan	Vlan commands
vtp	Configure global VTP state

sw-lisi(config)#no ena

sw-lisi(config)#no enable ?

   password   Assign the privileged level password

   secret   Assign the privileged level secret

sw-lisi(config)#no enable pass

sw-lisi(config)#no enable password

⑤验证是否删除成功。

sw-lisi >

sw-lisi >

sw-lisi > en

sw-lisi > enable

sw-lisi#

//不需要输入密码，所以删除成功。

⑥在交换机的配置里面，查看是否有设置密码的配置。

sw-lisi >

sw-lisi > en

sw-lisi#show run

sw-lisi#show running-config

Building configuration. . .

Current configuration：948 bytes

!

version 12. 1

no service timestamps log datetime msec

no service timestamps debug datetime msec

no service password-encryption

!

hostname sw-lisi

!

!

!

interface FastEthernet0/1

!

interface FastEthernet0/2

!

interface FastEthernet0/3

!

interface FastEthernet0/4

!

interface FastEthernet0/5

//结论：没有看到有设置密码的配置信息。

（3）设置密文密码。

（4）设置 console 密码。

（5）同时设置明文和密文密码时，从用户模式进入到特权模式时，需要输入什么密码？

工作任务三：FTP 服务器的配置

FTP 工作任务配置要求如下。

1. 服务器端

在一台安装 Windows Server 2003 的计算机（IP 地址为 192.168.11.250，子网掩码为 255.255.255.0，网关为 211.81.192.1）上设置 1 个 FTP 站点，端口为 21，FTP 站点标识为"FTP 站点训练"；连接限制为 100 000 个，连接超时 120s；日志采用 W3C 扩展日志文件格式，新日志时间间隔为每天；启用带宽限制，最大网络使用 1024 Kb/s；主目录为 D：\ftpserver，允许用户读取和下载文件访问。允许匿名访问（Anonymous），匿名用户登录后进入的将是 D：\ftpserver 目录；虚拟目录为 D：\ ftpxuni，允许用户浏览和下载。

2. 客户端

在 IE 浏览器的地址栏中输入 ftp：//192.168.11.250 来访问刚才创建的 FTP 站点。

工作任务四：电商企业网络的组建

（1）请根据上面的学习，针对淘淘公司的实际情况，用网络拓扑图描述现有网络情况。

（2）在该公司原有设计里，有什么问题？请分析出来，写在下面：

（3）请讨论，将该公司的网络进行优化，采用上三层核心交换机，绘制出网络拓扑图。

（4）在拓扑图的基础上，对设备进行选型，填写以下设备清单。

序号	名称	品牌	型号	数量	单价	金额
合计						

（5）请将每台设备的配置命令填写在以下横线上，并标明设备编号。

_____

_____

_____

_____

_____

_____

_____

_____

_____

_____

_____

_____

_____

_____

_____

_____

_____

_____

_____

_____

_____

_____

_____

_____

第三部分　总结与反馈

方案展示与评价：

以小组为单位，将设计的方案和实施的效果拍成照片，制作成 PPT，进行方案展示，各组给予点评，教师也为每组作品作出评价。

各小组点评意见记录：

教师点评意见记录：

自我评价表

1. 请总结本任务的学习要点：

2. 任务实施情况，请自我评价_____
   A. 非常好（91~100 分）　　B. 比较好（81~90 分）　　C. 一般（66~80 分）
   D. 不太好（51~65 分）　　E. 基本完成不了（50 分或以下）
3. 知识掌握情况评价
   ①对现有网络的分析能力_____
   A. 非常好（91~100 分）　B. 比较好（81~90 分）　　C. 一般（66~80 分）
   D. 不太好（51~65 分）　E. 基本完成不了（50 分或以下）
   ②配置使用交换机的能力_____
   A. 非常好（91~100 分）　B. 比较好（81~90 分）　　C. 一般（66~80 分）
   D. 不太好（51~65 分）　E. 基本完成不了（50 分或以下）
   ③FTP 服务器搭建能力_____
   A. 非常好（91~100 分）　B. 比较好（81~90 分）　　C. 一般（66~80 分）
   D. 不太好（51~65 分）　E. 基本完成不了（50 分或以下）

4. 在这次的任务学习中，你遇到了什么困难？在哪些方面需要进一步改进？

小组点评：A. 优秀　B. 良好　C. 一般　D. 不及格　　　　组长签名：

本人签名：　　　　　完成日期：

项目三

学校教学与办公网络的组建

 学习目标◎

为了实现学校多部门之间的网络改造，组建多办公区网络，实现学校内多办公区网络安全互联，优化校园网络配置，需要具备以下知识和技能：

1. 能掌握三层核心交换机和高性能路由器的性能参数，进行合理的设备选型，做出设计方案并实施；

2. 能进行交换机级联网络配置；

3. 能进行交换机链路聚合配置；

4. 能合理使用生成树技术；

5. 能进行配置交换机冗余链路，完成网络设备的配置与管理；

6. 做好网络故障应急处理方案，及时处理客户网络故障。

 内容结构

1. 交换机级联技术；

2. 交换机堆叠技术；

3. 链路聚合技术；

4. 交换机之间冗余链路技术；

5. 生成树技术；

6. 二层交换机；

7. 三层交换机；

8. 生成树协议；

9. 虚拟局域网；

10. 设备性价比；

11. 光纤。

 学习情境描述

随着某技工院校的招生人数的增长，学校规模已经从单一校区发展到现在具有三个校区的上万人的大校，办公区域也扩展了，但原先都是按独立设计的网络，校区之间无法互联互通。

该校网络中心的工作人员接到任务，要为这三个校区建立能互联的网络。原有校园网已经不能满足学校发展的需要，学校决定对原有单区域办公网络进行改造，组建多区办公网络。如何实现学校内多办公区网络安全互联，并进行优化校园网络配置，是本学习情境要解决的问题。

1. 随着某学校的招生人数的增长，原有校园网已经不能满足学校发展的需要；

2. 学校决定对原有单区域办公网络进行改造，组建多区办公网络；

3. 实现学校内多办公区网络安全互联，优化校园网络配置；

4. 多办公区网络的组建场景图如下图所示。

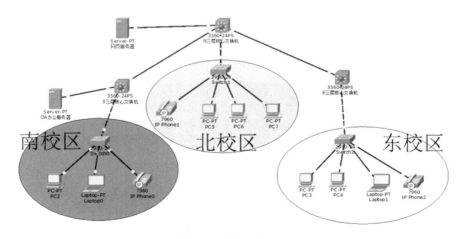

学校办公网络拓扑结构

第一部分　学习准备

第1步：知识准备

1. 交换机级联知识

思考与讨论：网络应用越复杂，需要使用到的交换机就越多，如何将交换机连接在一起而不影响它们的通信速度呢？

_____

_____

_____

（1）级联技术。

交换机级联技术指使用网线，将交换机 RJ45 端口连接在一起，实现互相通信。

（2）级联端口。

交换机级联可使用普通端口和级联端口来实现，如下图所示：

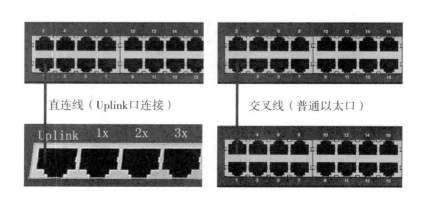

直连线（Uplink口连接）　　　交叉线（普通以太口）

两种端口有什么不同？接双绞线时，应该如何区分？

_____

_____

（3）多交换机级联。

随着网络规模的扩展，构建一个中型规模的网络，就需要使用智能化的网络互联设备（如 Switch），以优化网络环境，如下图所示：

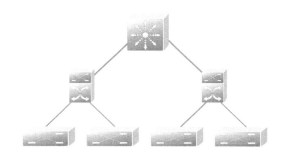

多交联机级联，最多能扩展到多少层呢？还是没有限制？请用模拟器，做相关测试并绘制验证实验拓扑图，看交换机多次级联后的线路通信速度有没有受到影响。

思考与讨论：设计模拟器实验，测试多次级联后对通信速度的影响。

绘制验证实验拓扑图

实验结果：

_____

_____

结果说明了什么？交换机级联有无使用限制？

_____

_____

2. 交换机堆叠

（1）堆叠技术。

交换机堆叠技术使用专用堆叠模块和堆叠线缆，把多台交换机连接成一体。不仅能扩展网络接入端口密度，还可成倍提高端口带宽，提供比交换机级联更优化的网络管理技术，在中型规模网络中得到更广泛的使用，如下图所示：

（2）交换机堆叠模块。

堆叠是把交换机背板芯片，通过专用堆叠模块连接，形成堆叠组交换机总背板带宽，是几台堆叠交换机背板带宽之和，因此能获得更高的网络传输速度，如下图所示：

 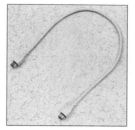 

（3）交换机堆叠模式。

目前交换机堆叠主要有菊花链模式和星型模式。

①菊花链式堆叠：菊花链式堆叠是基于级联结构的堆叠技术，通过堆叠模块接口首尾相连，如下图所示。菊花链式堆叠在连接时，通过堆叠电缆和相邻交换机堆叠接口相连。

②星型堆叠：要有一台主交换机，其他是从交换机。每台从交换机通过堆叠模块与主交换机堆叠模块相连，如下图所示。这种方式要求主交换机交换容量（背板带宽）要比从交换机大。

思考与讨论：这种方式是否比交换机级联要好？解决了什么问题？

_____

_____

3. 交换机链路聚合

（1）什么是链路聚合技术？

链路聚合是把两台互相连接的交换机间两条以上的链路，聚合成为一条复合链路传输信息。聚合在一起的链路可以在单一逻辑链路上获得高带宽。

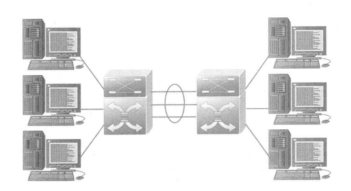

（2）什么是链路聚合协议？

链路聚合协议是一种基于 IEEE802.3ad 标准的协议，能够将两个以上以太网链路组合起来，为高带宽网络连接实现负载共享、负载平衡以及提供更好的弹性。

（3）配置交换机聚合链路。

如果配置交换机聚合链路，打开交换机配置界面，如下配置：

Switch(config)#interfacerange fastethernet 0/1-4

！同时打开多个接口

Switch(config-if-range)#port-group 1

思考与讨论：不同厂商设备，配置交换机端口聚合的命令一样吗？请查询资料，写出相同与不同的地方。

_____

_____

_____

4. 交换机间冗余链路

什么是交换机间冗余链路？

备份连接也叫备份链路或冗余链路，在交换机之间使用复合链路，或者在交换机之间互相连接形成环路，环路在一定程度上实现冗余，如下图所示。

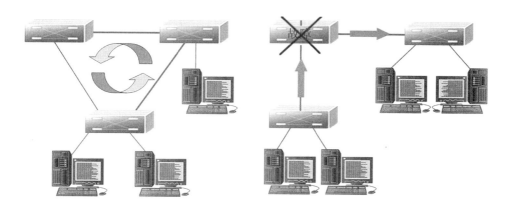

！生成聚合端口 AG1

Switch(config – if – range)#end

Switch#show vlan

！查看生产的聚合端口 AG1

思考与讨论：是不是随便接几条线就可以用了？

5. 冗余链路出现的问题

（1）广播风暴；

（2）地址表不稳定；

（3）多帧复制；

（4）产生环路。

6. 解决方法：环临时生成树思想

生成树协议 STP 的基本概念。

生成树协议（STP）：IEEE802.1d 标准。

主要思想：网络中存在备份链路时，只允许主链路激活，如果主链路因故障而被断开，备用链路才会被打开。

主要作用：避免回路，冗余备份。

生成树协议实现交换网络中，生成没有环路的网络，主链路出现故障，自动切换到备份链路，保证网络的正常通信。

7. 生成树协议的发展过程划分成三代

第一代生成树协议：STP/RSTP（基于端口生成树）。

第二代生成树协议：PVST/PVST +（基于 VLAN 生成树，cisco 专利技术）。

第三代生成树协议：MISTP/MSTP（基于实例 instance 生成树）。

请查阅资料，回答：如何配置生成树协议？

第 2 步：需求分析

需求一：教学区网络接入办公区网络，保证办公区网络和教学区网络互相连通。

分析如何实现：

需求二：教学区网络的信息流量很大，有很多视频数据需要传输。

分析如何实现：

需求三：确保校园网畅通不中断，在网络出现故障时，网络也有良好的容错机制。

分析如何实现：

第 3 步：对第 2 步中问题的分析和解决

（1）如下图所示，该图显示了多办公区网络的链接场景。

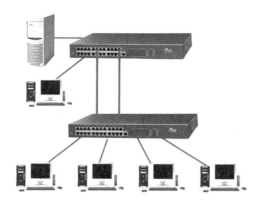

（2）根据上面的场景图，结合已学知识进行分析，将分析结果填入下框中。

第 4 步：交换机级联

（1）怎么理解交换机的级联技术？

（2）通过下图回答如下问题，即从使用的角度出发，一般建议部署多少级交换机级联？分别是什么？

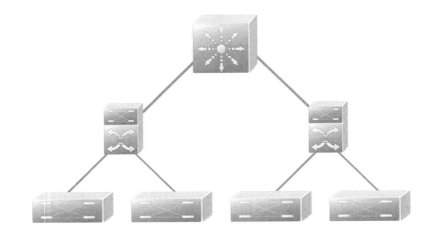

（3）关于级联端口。

①交换机级联可使用（　　　　　）端口或（　　　　　）端口来实现。

②请简要描述 Uplink 端口级联和 RJ – 45 端口级联的应用。

第5步：交换机堆叠

（1）怎么理解交换机堆叠技术？

（2）怎么理解背板带宽？

（3）如何理解交换机的堆叠模块？

（4）交换机的堆叠模式有哪些？

第二部分 计划与实施

1. 制订计划

制订完成"学校教学与办公网络的组建"任务的计划，表格内给出的工作内容为参考工作内容，可自行设置并设定工作顺序。

顺序	工作内容	开始时间	结束时间	负责人
	组建多交换机级联网络			
	实现办公网的稳定			
	配置交换机的 Trunk 干道			

2. 人员分工

序号	岗位	工作人员姓名
1	项目经理	
2	实施人员	
3	验收人员	
4	宣传展示人员	

工作任务一：组建多交换机级联网络

【目标技能】
实施交换机级联，扩展网络范围。

【材料清单】
交换机（2台）、网线、测试PC（2台）。

【工作场景】
下图所示的网络场景是某技工院校两个部门办公网互联的场景，两台交换机分别是两个办公网接入交换机，把两台交换机连接起来，形成两个办公网系统共享。

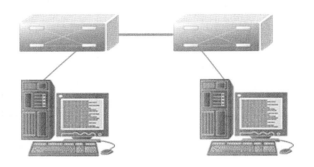

【工作过程】
步骤一：组建办公网。

要注意什么问题？

_____

_____

步骤二：配置设备IP地址。

IP地址规划：

_____

_____

【项目测试1】
使用Ping命令检查网络连通。

完整测试命令：

测试结果怎么看？

【项目测试 2】

使用不同 IP 地址测试网络。

效果如何？

工作任务二：实现办公网的稳定

【目标技能】

实现交换机间端口聚合，扩展网络带宽，通过链路冗余备份保证网络的稳定性。

【材料清单】

交换机（2 台）、网线、测试 PC（2 台）。

【工作场景】

下图所示拓扑图是某技工院校教学网和行政网两台交换机连接的场景，希望在两个部门交换机之间获得高带宽，通过网络冗余，实现网络的健壮和稳定。

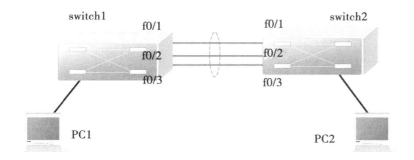

操作步骤：

步骤一：找出每台主机的配置网卡和测试网卡。

网卡类型和线缆选择：

_____

_____

步骤二：选择两台主机连接到交换机上。

注意要点：

_____

_____

步骤三：在测试网卡上配置合适的 IP。

IP 地址规划：

_____

_____

步骤四：测试。

测试方法：

_____

_____

工作任务三：配置交换机的 Trunk 干道

配置交换机的 Trunk 干道拓扑图如下图所示。

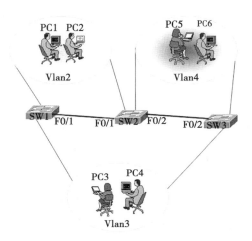

配置交换机 Trunk 干道拓扑图

工作任务四：学校教学与办公网络的组建

（1）请根据上面的学习，针对学校的实际情况，用网络拓扑图描述现有网络情况。

（2）请讨论，将该学校的三个校区的网络相连，采用上三层核心交换机，绘制出网络拓扑图。

（3）在设计拓扑图的基础上，对设备进行选型，填写以下设备清单。

序号	名称	品牌	型号	数量	单价	金额
合计						

（4）开启三层交换机的路由功能。

三层交换机默认开启路由功能

　➤ Switch（config）#ip routing　　（开启三层交换机路由功能）

三层交换机配置路由接口的两种方法

　➤开启三层交换机物理接口的路由功能

　　　↘Switch（config）#interface fastethernet 0/5

　　　↘Switch（config－if）#no switchport

　　　↘Switch（config－if）#ip address 192.168.1.1. 255.255.255.0

　　　↘Switch（config－if）#no shutdown

　➤关闭物理接口路由功能

　　　↘Switch（config－if）# switchport

　➤采用SVI方式（switch virtual interface）

　　　↘Switch（config）#interface vlan 10

　　　↘Switch（config－if）#ip address 192.168.1.1. 255 255.255.0

　　　↘Switch（config－if）#no shutdown

配置静态路由技术，实现园区网络的连通，请将每台设备的配置命令填写在以下横线上，并标明设备编号。

第三部分　总结与反馈

方案展示与评价:

以小组为单位,将设计的方案和实施的效果拍成照片,制作成 PPT,进行方案展示,各组给予点评,教师也为每组作品作出评价。

各小组点评意见记录:

教师点评意见记录:

自我评价表

1. 请总结本任务的学习要点：

2. 任务实施情况，请自我评价_____
   A. 非常好（91～100分）　　B. 比较好（81～90分）　　C. 一般（66～80分）
   D. 不太好（51～65分）　　E. 基本完成不了（50分或以下）
3. 知识掌握情况评价
   ①交换机级联技术_____
   　A. 非常好（91～100分）　B. 比较好（81～90分）　　C. 一般（66～80分）
   　D. 不太好（51～65分）　　E. 基本完成不了（50分或以下）
   ②交换机端口聚合技术_____
   　A. 非常好（91～100分）　B. 比较好（81～90分）　　C. 一般（66～80分）
   　D. 不太好（51～65分）　　E. 基本完成不了（50分或以下）
   ③交换机生成树技术_____
   　A. 非常好（91～100分）　B. 比较好（81～90分）　　C. 一般（66～80分）
   　D. 不太好（51～65分）　　E. 基本完成不了（50分或以下）
   ④三层交换机静态路由表配置_____
   　A. 非常好（91～100分）　B. 比较好（81～90分）　　C. 一般（66～80分）
   　D. 不太好（51～65分）　　E. 基本完成不了（50分或以下）

4. 在这次的任务学习中，你遇到了什么困难？在哪些方面需要进一步改进？

小组点评：A. 优秀　B. 良好　C. 一般　D. 不及格	组长签名：

本人签名：　　　　　　　　完成日期：

项目四

小型商业银行网络的组建

 学习目标◎————————————————————

为了实现商业银行相互隔离的部门之间能进行有选择的互相连通、资源共享和实现部门与部门、设备与设备之间的安全管理，需要掌握以下知识和技能：

1. 能掌握多三层核心交换机、硬件防火墙的性能参数；

2. 会配置交换机冗余备份，保证网络数据高效传输和交换；

3. 配置路由器的动态路由协议，根据网络规划方案，完成多园区网络的配置，并提供网络故障应急响应，在可以容忍的时间内完成网络故障排除。

 内容结构

1. 私有 IP 地址；

2. 三层交换机的配置与管理；

3. VLAN 间的路由原理；

4. 多个三层交换机组建冗余网络；

5. 二层交换机端口安全；

6. 路由器协议；

7. 跨区域网络互联；

8. 网络故障应急方案；

9. 硬件防火墙；

10. 流量控制 QOS；

11. IP 子网划分、子网划分的优点、子网地址的规划和子网掩码；

12. 网络分段技术、局域网分段；

13. 虚拟局域网技术；

14. 路由的种类；

15. 静态路由的特点；

16. 配置静态路由；

17. 配置静态默认路由；

18. 配置动态路由。

 学习情境描述

某市商业银行经过多年的建设，已经形成比较完善的综合网络，整体结构是通过广域网连接的二级网络，在二级网络上运行着银行业务系统、办公自动化系统、代理业务系统等，由于应用系统的复杂化，网络安全体系的建立和网络安全的全面解决方案更是迫在眉睫。

根据某市小型商业银行网络的实际情况，也需要跨园区网络，并且更加强调网络的安全与隔离、线路设计的备份与安全，主要包含下面要求：

1. 合理规划并实施虚拟局域网技术，实现部门之间的安全隔离；

2. 在实现安全隔离的同时，还要保证信息共享方便；

3. 有选择地实现通信，确保部门之间网络的安全通信；

4. 线路冗余；

5. 设备冗余；

6. 提供高可靠性的网络服务；

7. 希望通过技术手段实现办公网络和其他网络安全隔离；

8. 保证分布在办公楼同一部门的网络连通，实现资源共享；

9. Internet 接入安全；

10. 全网防病毒系统体系；

11. 办公自动化系统的安全；

12. 在办公网络与生产网络物理线路共享的情况下保证生产网络的安全。

工作场景模拟如下图所示：

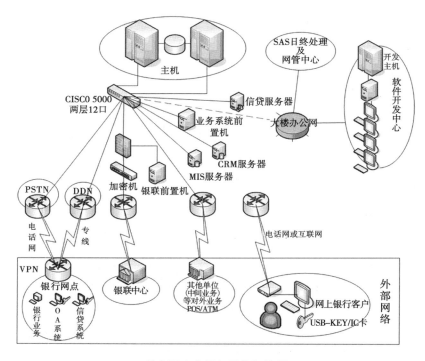

某小型商业银行网络拓扑图

第一部分　学习准备

第1步：知识准备

1. 什么是多元区网络

多区域的网络是在简单网络的基础上，利用成熟的网络技术和通信技术，采用统一的网络协议（TCP/IP），将全校办公、教学、实验、科研通过校园网络连接起来，并与 CERNET、教科网、Internet 连接。在全校范围内建立实时的数据传输，提供可靠的、高速的、可管理的网络环境，以实现广泛的资源和数据共享，提供统一身份认证、电子邮件等网络服务。

经过互联和扩容之后的多区域校园网，不仅要在速度、容量上完全满足需求，更重要的是，将原本松散的、处于各地的网络从规格、管理软件、安全防护等方面进行完整的统一。同时，使得未来的系统升级变得简单而可行。

2. 什么叫路由

路由就是将从一个接口接收到的数据包，转发到另外一个接口的过程。

路由器完成两个主要功能：

选径：根据目标地址和路由表内容，进行路径选择。

转发：根据选择的路径将接收到的数据包，转发到另一个接口（输出口）。

3. 什么是动态路由

动态路由是路由器根据路由协议，收集路由器周边连接的网络信息，在路由器之间互相交换这些信息，并根据收集到的路由信息，自动计算生成路由表，如下图所示。

动态路由技术使路由器能按照特定算法，自动计算新路由信息，动态更新路由信息，从而能适应网络拓扑结构变化。

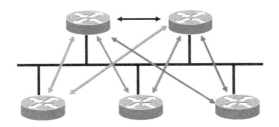

4. 静态路由表配置

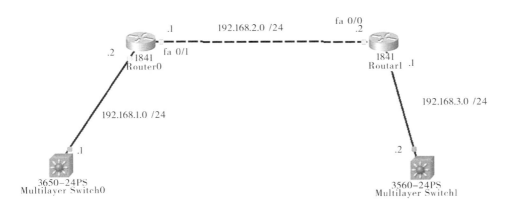

75

5. 动态路由表配置

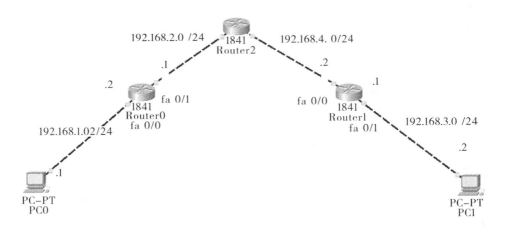

第2步：需求分析

需求一：银行要保证行政办公楼不被其他部门访问，要实现此部门的网络安全隔离。

分析如何实现：

需求二：银行要实现某些部门之间有选择的通信，并确保部门之间的安全通信。

分析如何实现：

第3步：VLAN 技术在二层上实现网络隔离

虚拟局域网中的 VLAN 技术通过二层设备，实现了三层子网的技术效果，使用二层技术解决了广播干扰的问题。但是不同的 VLAN 之间不能直接通信，

请阅读学习材料，进行如下分析：

（1）下面是 VLAN 技术在二层上实现网络隔离的情景图，请简要分析并表述其过程。

分析：

（2）下面是通过三层设备保证全网的连通情景图，认真阅读学习材料，请分析在该过程中为什么能全网连通，而在上面的情景中则不能连通？

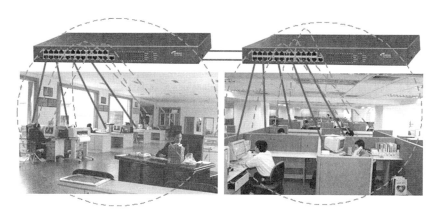

分析：

（3）请同学们认真阅读学习材料（课本等内容），回答什么是虚拟局域网。

（4）虚拟局域网的功能是什么？

（5）虚拟局域网技术有哪些特点？

（6）下图所示的内容是按端口划分 VLAN，请阅读学习材料，小组讨论并分析，什么是基于端口划分 VLAN？

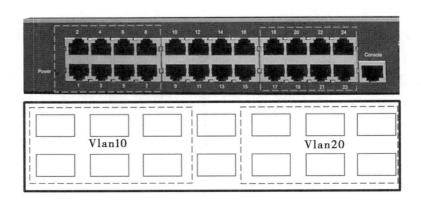

第4步：私有 IP 地址

（1）请阅读学习材料，回答什么是私有 IP 地址。

（2）请阅读学习材料，在 A、B、C 类 IP 地址中的私有 IP 地址分别是
什么？

（3）私有 IP 地址有哪些优点？

第5步：三层交换机

（1）从下图中认识三层交换机，然后阅读学习材料并分析和讨论三层交
换机技术。

三层交换机 RG－S3760

讨论和分析三层交换机技术结果：

（2）请阅读学习材料，根据下图所示，描述三层交换机的组成技术。

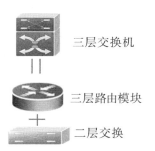

第6步：了解 VLAN 间路由原理，请阅读学习材料，回答如下问题：

（1）请小组讨论和分析 VLAN 内通信技术。

（2）请小组讨论和分析 VLAN 间通信技术。

第7步：子网划分的优点

（1）请参考相关资料并讨论，你是怎么理解子网划分的？

（2）如下图所示，该网络将中等规模的网络划分为若干个子网，子网划分有哪些优点呢？至少回答四点，将答案填入下框中。

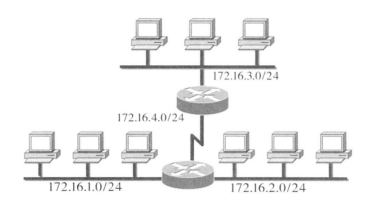

（3）如何理解子网掩码？在配置 IP 地址时，可否不配置子网掩码，例如 255.255.255.0？请用实验验证。

第8步：网络分段技术

下图比较形象地描述了交换机中的广播域和冲突域。

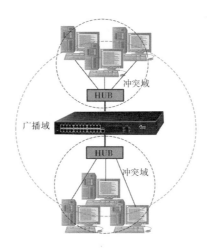

请同学们阅读学习材料，通过分组讨论和总结，回答什么是广播域，什么是冲突域。

第二部分　计划与实施

1．制订计划

制订完成"小型商业银行网络的组建"任务的计划，表格内给出的工作内容为参考工作内容，可自行设置并设定工作顺序。

顺序	工作内容	开始时间	结束时间	负责人
1	小型商业银行网络需求分析			
2	小型商业银行网络拓扑规划与网络安全设计			
3	技术验证：按部门划分虚拟局域网			
4	技术验证：访问控制列表设置			
5	网络设备连接与配置			

2. 人员分工

序号	岗位	工作人员姓名
1	项目经理	
2	实施人员	
3	验收人员	
4	宣传展示人员	

工作任务一：按部门划分虚拟局域网

1. 按部门划分虚拟局域网拓扑图，如下图所示

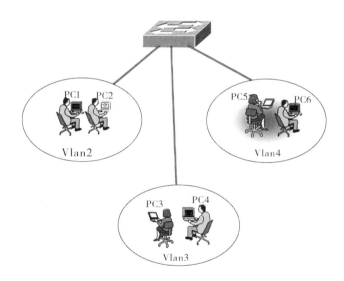

2. 根据以上拓扑图搭建网络环境，用 Vlan 实现

（1）Vlan 端口规划列表如下。

端口	Vlan	将操作过程填写于下面空格中
F0/1、F0/2、F0/3、F0/4、F0/5	Vlan 2	
F0/6、F0/7、F0/8、F0/9、F0/10	Vlan 3	
F0/11 ~ F0/20	Vlan 4	

（2）将 Vlan 的详细配置填写于下面框格中。

①填写创建 Vlan 的过程。

②填写将端口加入到 Vlan 的过程。

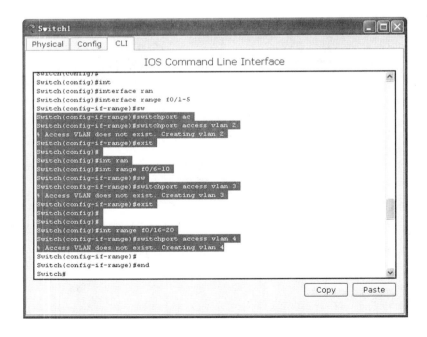

（3）假设 Vlan4 中的端口配置有错误，需要将端口 Fa0/16～Fa0/20 从 Vlan4 中删除，请问该如何操作？将操作过程填写于下面框格中。

（4）IP 地址的规划（IP 地址的配置用自己的学号，即用 192.168. 学号.0网段）。

PC	IP 地址	子网掩码	备注
PC1			
PC2			
PC3			
PC4			
PC5			
PC6			

（5）IP 地址配置。

PC	IP 地址配置截图
PC1	
PC2	
PC3	
PC4	
PC5	
PC6	

3．工作验收测试

（1）PC1 与 PC2、PC3、PC4、PC5、PC6 用 Ping 命令进行连通性测试，将测试结果填写于下面框格中。

①PC1 与 PC2 连通性测试。

②PC1 与 PC3 连通性测试。

③PC1 与 PC4 连通性测试。

④PC1 与 PC5 连通性测试。

⑤PC1 与 PC6 连通性测试。

（2）PC3 与 PC4、PC5、PC6 用 Ping 命令进行连通性测试，将测试结果填写于下面框格中。

①PC3 与 PC4 连通性测试。

②PC3 与 PC5 连通性测试。

③PC3 与 PC6 连通性测试。

（3）PC5 与 PC6 用 Ping 命令进行连通性测试，将测试结果填写于下面框格中。

PC5 与 PC6 连通性测试。

4. 工作总结

（1）描述实验过程，例如哪些主机之间能通，哪些主机之间不能通，进行小结。

（2）总结实验过程，为什么有的能通，有的不能通？原因是什么？

（3）通过过程和分析总结，得到的结论是什么？

工作任务二：访问控制列表配置

一、了解访问控制列表

访问表（access list）是一个有序的语句集，它通过匹配报文中信息与访问表的参数，来允许报文通过或拒绝报文通过某个接口。

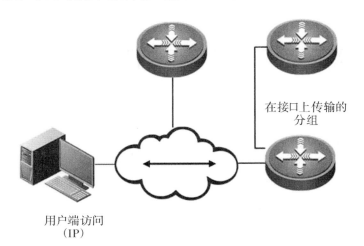

在接口上传输的
分组

用户端访问
（IP）

1. 访问控制列表的作用

（1）安全控制：例如通过路由器过滤才能访问财务部数据库服务器。

（2）流量过滤：例如能浏览网页但是不能 BT 下载，保证带宽。

（3）数据流量标识：例如公司网有两条链路，让不同的数据包选择不同的链路。

2. ACL 工作原理及规则

ACL 语句有两个组件：一个是条件，一个是操作。

条件：条件基本上一个组规则。

操作：当 ACL 语句条件与比较的数据包内容匹配时，可以采取允许和拒绝两个操作。

3. 入站 ACL

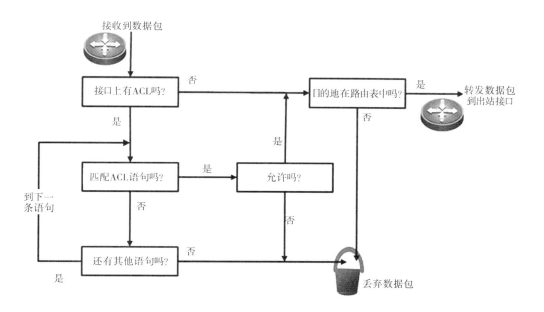

4. 出站 ACL

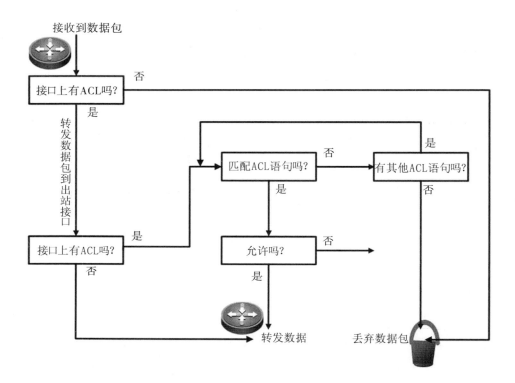

5. 访问控制列表基本规则、准则和限制

（1）ACL 语句按名称或编号分组；

（2）每条 ACL 语句都只有一组条件和操作，如果需要多个条件或多个行动，则必须生成多个 ACL 语句；

（3）如果一条语句的条件中没有找到匹配，则处理列表中的下一条语句；

（4）如果在 ACL 组的一条语句中找到匹配，则不再处理后面的语句；

（5）如果处理了列表中的所有语句而没有指定匹配，不可见到的隐式拒绝语句就会拒绝该数据包；

（6）由于在 ACL 语句组的最后隐式拒绝，所以至少要有一个允许操作，否则，所有数据包都会被拒绝；

（7）语句的顺序很重要，约束性最强的语句应该放在列表的顶部，约束性最弱的语句应该放在列表的底部；

（8）一个空的 ACL 组允许所有数据包，空的 ACL 组已经在路由器上被激活，但不包含语句的 ACL 要使隐式拒绝语句起作用，则在 ACL 中至少要有一条允许或拒绝语句；

（9）只能在每个接口、每个协议、每个方向上应用一个 ACL；

（10）在数据包被路由到其他接口之前，处理入站 ACL；

（11）在数据包被路由到接口之后，而在数据包离开接口之前，处理出站 ACL；

（12）当 ACL 应用到一个接口时，这会影响通过接口的流量，但 ACL 不会过滤路由器本身产生的流量。

6. ACL 放置的位置

（1）只过滤数据包源地址的 ACL 应该放置在离目的地尽可能近的地方；

（2）过滤数据包的源地址和目的地址以及其他信息的 ACL，则应该放在离源地址尽可能近的地方；

（3）只过滤数据包中的源地址的 ACL 有两个局限性；

（4）即使 ACL 应用到路由器 C 的 E0，任何用户 A 来的流量都将被禁止访问该网段的任何资源，包括数据库服务器；

（5）流量要经过所有到达目的地的途径，它在即将到达目的地时被丢弃，这是对带宽的浪费。

7. ACL 的种类

两种基本的 ACL：标准 ACL 和扩展 ACL。

标准 IP ACL 只能过滤 IP 数据包头中的源 IP 地址。

扩展 IP ACL 可以过滤源 IP 地址、目的 IP 地址、协议（TCP/IP）、协议信息（端口号、标志代码）等。

标准 ACL 只能过滤 IP 数据包头中的源 IP 地址。

标准 ACL 通常用在路由器配置以下功能：

限制通过 VTY（virtual type terminal）线路对路由器的访问（telnet、SSH）（Secure Shell Protocol，安全外壳协议）；

限制通过 HTTP 或 HTTPS 对路由器的访问；

过滤路由更新。

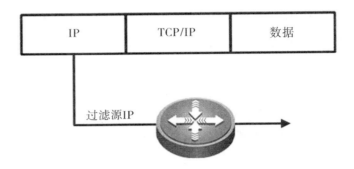

IP	TCP/IP	数据

过滤源IP

8. 通过两种方式创建标准 ACL：编号或名称

使用编号

Router(config)#

access – list listnumber {permit｜deny} address [wildcard – mask]

使用编号创建 ACL   listnumber 是规则顺序号 1 – 99 或 1300 – 1999

permit 允许报文通过端口，deny 匹配标准 IP 访问表源地址的报文要被丢弃掉。

关键字 host：单个主机；any：所有主机。

例1：Access – list 10 permit 192.168.1.10 0.0.0.0 //允许从 192.168.10 来的报文。

等同于

Access – list 10 permit host 192.168.1.10 //host 是通配符屏蔽码 0.0.0.0 的简写。

例2：Access – list 10 deny   host 192.168.1.10

Access – list 11 permit any //拒绝从 192.168.10 来的报文并允许从其他源来的报文。

9. 在接口上应用

In：当流量从网络网段进入路由器接口时。

Out：当流量离开接口到网络网段时。

Router(config – if)#

ip access – group {id｜name} {in｜out}

使用命名

定义 ACL 名称

Router(config)#

ip access – list standard name

定义规则

Router(config – std – nacl)#

{deny|permit [source wildcard any]}

在接口上应用

Router（config – if）#

ip access – group {id | name} {in | out}

二、配置访问控制列表工作

1. 网络拓扑环境

两个人为一个小组，每人负责配置自己的路由器。四台 Cisco 2500 或者
2600 系列路由器、每人一台计算机。如下连接：

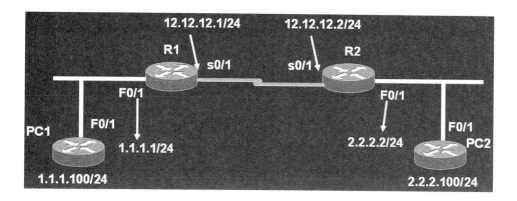

2. 操作内容

（1）在 R – PC1 路由器上，关闭路由功能（no ip routing），把路由器当成
计算机使用，并设定默认网关（ip default – gateway），测试 R – PC1 和 R –
PC2 的连通性；

（2）配置各路由器的各个接口 IP 地址，并测试直连链路的连通性；

（3）在 R1 和 R2 上用静态路由进行配置，保证网络的连通性；

（4）在 R2 上配置标准 ACL 并应用，当 R – PC1 的 IP 为 1.1.1.100 时被

拒绝访问；

（5）Access – list 1 deny host 1.1.1.100；

（6）Access0list 1 permit any；

（7）Int f0/0；

（8）Ip access – group 1 out；

（9）在 R – PC1 用不同的 IP 地址测试和 R – PC2 的连通性；

（10）删除之前的标准 ACL 配置，在 R – PC2 上配置允许 telnet，从 R – PC1 上测试能否 telnet R – PC2；

（11）在 R1 上配置扩展 ACL 不允许 R – PC1 所在网段访问 R – PC2 网段的 telnet 和 web 服务；

（12）Access – list 101 deny tcp 1.1.1.0 0.0.0.255 2.2.2.0 0.0.0.255 eq telnet；

（13）Access – list 101 deny tcp 1.1.1.0 0.0.0.255 2.2.2.0 0.0.0.255 eq 80；

（14）Access – list 101 permit ip any any；

（15）Int f0/0；

（16）Ip access – group 101 in；

（17）在 R – PC1 上测试能否 ping 通 R – PC2，能 telnet 到 R – PC2 吗？

工作任务三：防火墙安装使用

一、了解防火墙

网络防火墙就是一个位于计算机和它所连接的网络之间的软件。该计算机流入流出的所有网络通信均要经过此防火墙。防火墙对流经它的网络通信进行扫描，这样能够过滤掉一些攻击，以免其在目标计算机上被执行。防火墙可以关闭不使用的端口，而且还能禁止特定端口的流出通信，封锁特洛伊木马。最后，它可以禁止来自特殊站点的访问，从而防止来自不明入侵者的所有通信。

防火墙作为内部网与外部网之间的一种访问控制设备，常常安装在内部网和外部网交界点上。在网络拓扑图中的位置一般如下图放置：

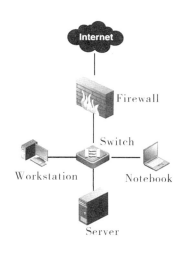

网络防火墙的位置

防火墙具有很好的网络安全保护作用。入侵者必须首先穿越防火墙的安全防线，才能接触目标计算机。你可以将防火墙配置成许多不同保护级别。高级别的保护可能会禁止一些服务，如视频流等，但至少这是你自己的保护选择。

1. 防火墙的主要作用

（1）Internet 防火墙可以防止 Internet 上的危险（病毒、资源盗用）传播到网络内部；

（2）能强化安全策略；

（3）能有效记录 Internet 上的活动；

（4）可限制暴露用户点；

（5）它是安全策略的检查点。

2. 防火墙的类型

防火墙有不同类型。一个防火墙可以是硬件自身的一部分，你可以将因特网连接和计算机都插入其中。防火墙也可以在一个独立的机器上运行，该机器作为它背后网络中所有计算机的代理和防火墙。最后，直接连在因特网的机器可以使用个人防火墙。

适合于小型银行的硬件防火墙要具有连接百兆网络、千兆网络的能力。由于硬件防火墙位于路由器的下一层，现在的企业网络一般都采用了百兆或千兆以上的网络，所以我们需要连接高带宽的硬件防火墙。

适合于小型银行的硬件防火墙必须具备很强的防黑能力和入侵监控能力，这也是硬件防火墙的基本特征。目前网络黑客攻击主要手段有 DOS（DDOS）攻击、IP 地址欺骗、特洛伊木马、口令字攻击、邮件诈骗等。这些攻击方式不光来自外部网络，也来自内部网络。适合于企业的硬件防火墙必须要具有防止这些外网和内网攻击的能力。硬件防火墙是由软件和硬件组成的，其中的软件提供了升级功能，这样就能帮助我们修补不断发现的漏洞。

由于小型银行网络内部有访问一些非法网站的事情发生，为了禁止访问非法网站，硬件防火墙不光需要有能够防止内网访问非法的功能，还必须具有监控网络的功能，因为现在每天都有新的不良网站出现，只有通过监控，才能根据相关信息屏蔽这些非法网站。

适合于小型银行的硬件防火墙要让管理员易于管理，这种易于管理表现在硬件防火墙所搭配的软件上，目前市场上主要有搭配专业软件的硬件防火墙和搭配 Linux 或 Unix 操作系统的硬件防火墙，用户可根据自己的实际情况来选择。

二、防火墙的配置

单位新购入一台网络卫士防火墙，作为企业网络管理员，如何对防火墙进行初始配置？要使用 WEBUI 和 Telnet 等方式登入防火墙并进行管理和维护。

1. 配套设备

（1）防火墙设备一台；

（2）Console 线一条；

（3）交叉线、直连线各一条；

（4）PC 机一台。

2. 网络拓扑结构：

3. 工作内容

第一次使用网络卫士防火墙，管理员可以通过 CONSOLE 口以命令行方式或通过浏览器以 WEBUI 方式，还可以通过 TOPSEC 管理中心进行配置和管理。

（1）CONSOLE 口配置方式。

通过 CONSOLE 口登录到网络卫士防火墙，可以对防火墙进行一些基本的设置。用户在初次使用防火墙时，通常都会登录到防火墙更改出厂配置（接口、IP 地址等），使在不改变现有网络结构的情况下将防火墙接入网络中。这里将详细介绍如何通过 CONSOLE 口连接到网络卫士防火墙。

①使用一条串口线（包含在出厂配件中），分别连接计算机的串口（这里假设使用 COM1）和防火墙的 CONSOLE 口。

②选择开始 > 程序 > 附件 > 通讯 > 超级终端，系统提示输入新建连接的名称。

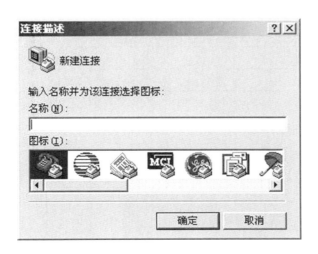

③输入名称，这里假设名称为"TOPSEC"，点击"确定"后，提示选择使用的接口（假设使用 COM1）。

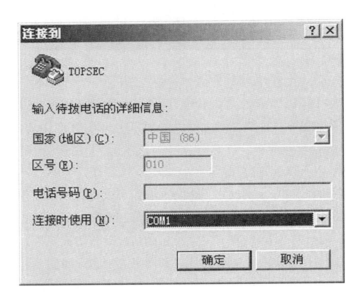

④设置 COM1 口的属性，按照以下参数进行设置。

参数名称	取值
每秒位数	9 600
数据位	8
奇偶校验	无
停止位	1

⑤成功连接到防火墙后，超级终端界面会出现输入用户名/密码的提示，见下图。

⑥输入系统默认的用户名：superman 和密码：talent（天融信防火墙初始用户名及密码），即可登录到网络卫士防火墙。登录后，用户就可使用命令行方式对网络卫士防火墙进行配置管理。

（2）其他管理方式。

从 CONSOLE 口本地登录网络卫士防火墙后，管理员可以通过命令行对防火墙进行一些必要的设置，如更改、添加接口 IP，添加其他远程管理方式（包括"WEBUI 管理"、"SSH"等），方便对网络卫士防火墙进行管理维护。

另外，管理员还可以使用浏览器通过 Eth0 接口对防火墙进行设置。这要求管理主机与 Eth0 的缺省出厂 IP（192.168.1.254）处于同一网段。

（3）设置接口 IP 地址。

用户可通过网络卫士防火墙的任一物理接口远程管理网络卫士防火墙，但是在此之前，管理员必须为此物理接口配置 IP 地址，作为远程管理网络卫士防火墙的管理地址。命令行语法如下：

network interface ＜string＞ ip add ＜ipaddress＞ mask ＜netmask＞

参数说明：

string：网络卫士防火墙物理接口名称，字符串，例如 eth0。

例：network interface eth0 ip add 192.168.1.11mask 255.255.255.0

（4）定义地址对象。

管理员应定义允许远程管理网络卫士防火墙的 IP 地址范围，可以是某一特定的 IP 地址，也可以来自某一子网、地址范围或地址组。在命令行中使用define host/define subnet/define range/define group_address 这几个命令定义 IP 地址、子网、地址范围或地址组。命令行语法如下：

定义 IP：define host add name ＜string＞ ipaddr ＜ipaddress＞

定义子网：define subnet add name ＜string＞ ipaddr ＜ipaddress＞ mask ＜

netmask >

定义地址范围：define range add name ＜ string ＞ ip1 ＜ ipaddress ＞ ip2 ＜ ipaddress ＞

定义地址组：define group_address add name ＜ string ＞ member ＜ string ＞

定义区域：define area add name ＜ string ＞ attribute ＜ string ＞

例：define area add name area － eth0 attribute eth0

参数说明：

string：对象名称，字符串。

ipaddress：IP 地址，如 192.168.91.22。

netmask：子网掩码，如 255.255.255.0。

（5）指定管理方式。

管理员可以为已定义的 IP 地址（或子网、地址段）指定其可使用的远程管理方式。在命令行中可以使用 pf service 命令指定管理方式。命令行格式如下：

pf service add name ＜ gui｜snmp｜ssh｜monitor｜ping｜telnet｜tosids｜auth｜ntp｜update ｜ dhcp｜rip｜bgp｜l2tp｜pptp｜webui｜ipsecvpn ｜sslvpnmgr ＞ area ＜ string ＞ ＜ ［addressid ＜ number ＞］｜［addressname ＜ string ＞］ ＞

（6）设置管理方式实例。

下面是个简单的配置实例，用以说明如何设置网络卫士防火墙的 WebUI 管理方式：

①为网络卫士防火墙的物理接口 Eth1 配置 IP 地址 192.168.91.88，子网掩码是 255.255.255.0，此地址将作为网络卫士防火墙的管理地址。

进入 network 组件	topsecos# network
配置 Eth1 接口 IP	topsecos.network # interface eth1 ip add 192.168.91.88 mask 255.255.255.0

②定义一个 area 对象"webui – area"，并设置其属性为 eth1。

进入 define 组件	topsecos. network# exit topsecos# define
配置 Eth1 接口 IP	topsecos. define# area add name webui-area attribute eth1

③定义一个 IP 地址对象"manage – host"，地址是 192.168.91.250，此地址是被允许的远程管理网络卫士防火墙的地址。

保持 define 组件	topsecos. define#
定义管理主机对象	topsecos. define# host add name manage-host ipaddr 192.168.91.250

④设置从 192.168.91.250 这个 IP 可以用浏览器远程管理该防火墙。

进入 pf 组件	topsecos. define# exit topsecos# pf
设置开放服务规则	①当防火墙不包含 SSL VPN 模块时，开放 WEBUI 服务即可，用于管理员通过 443 端口对防火墙进行管理。 topsecos. pf# service add name webui area webui – area addressname manage-host ②当防火墙包含 SSL VPN 模块时，开放 SSLVPNMGR 服务即可，用于管理员通过 8080 端口对防火墙进行管理。 opsecos. pf# service add name sslvpnmgr area webui – area address-name manage – host

管理员在管理主机的浏览器上输入防火墙的管理 URL，例如：https：//192.168.1.254，（如果包含 SSL VPN 模块，则 URL 应当为 https：//192.168.1.254：8080），弹出登录页面。

系统超时设置：

设置系统超时时间为 300 秒：system webui idle – timeout 300

（7）配置系统管理员。

网络卫士防火墙支持多个用户对其进行管理操作，不同的用户有不同的操作权限。系统中的管理员分成四种不同的权限，按照 VSID 可以分为两类：根系统管理员（包括：superman、管理用户以及审计用户）和虚拟系统管理员。

根系统管理员对配置信息具有全局权限，可以看到所有跟该权限对应的公共界面元素和所有虚系统的配置信息。其中，superman 为系统中唯一的超级管理员，具有网络卫士防火墙中所有的管理权限；管理用户具有查看和设定规则的权限，以及部分防火墙管理权限，但没有分配管理员的权限；审计用户能查看已有的规则和配置，但没有管理权限。虚拟系统管理员不具备全局权限，只能查看、配置有限的公共信息和本虚拟系统的配置信息。

工作任务四：小型商业银行网络组建

请参考以下网络拓扑图，进行网络设备选用：

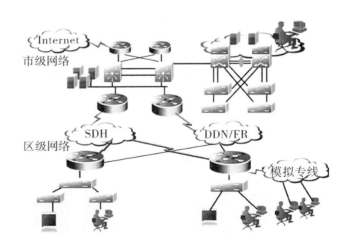

（1）根据银行局域网的实际信息，完成网络拓扑图的初步设计。

（2）请根据上述设计的网络拓扑图，简要说明在拓扑图中各网络设备存在的理由及作用。

（3）简要描述各网络设备在选择时应遵循什么原则。

（4）请应用网络环境，要求根据实际环境情况填写下述网络设备清单。

设备明细单报价

序号	物品名称	详细部件名称	数量	品牌	单价（元）	总价（元）	产地	质保期
1								
2								
3								
4								
5								
6								
	设备报价汇总	人民币大写：_____元，￥_____元						

设备1：

序号	重要性	参数
1		
2		
3		
4		
5		

设备2：

序号	重要性	参数
1		
2		
3		
4		

小型网络组建

（5）网络设备配置信息。

请根据实际环境情况，填写下述互联端口信息表：

互联端口表说明：主连设备接口与其他对端设备接口相互连接，配置路由表，使得整个网络系统都可以互相通信。

互联端口表填写实例：

主连设备	连接接口	接口模式	对端设备	对端设备端口	接口模式

核心层接口：

主连设备	连接接口	接口模式	对端设备	对端设备端口	接口模式

汇聚层接口：

主连设备	设备接口	接口模式	对端设备	对端设备端口	接口模式

主连设备	设备接口	接口模式	对端设备	对端设备端口	接口模式

接入层接口：

主连设备	连接接口	接口模式	对端设备	对端设备端口	接口模式

（6）网络系统安全设计。

银行网络的系统安全不能仅靠网络设备安全来保护，而是每一个接入网络的设备，都要做好安全防范措施，避免造成巨大损失。请收集相关资料，开展银行系统安全研究，并将研究成果写在横线上。

_____

_____

_____

_____

_____

_____

第三部分　总结与反馈

（1）请对上述所完成的各部分内容进行整理，以小组为单位撰写小型银行网络设计方案。

（2）通过 PackeTracer 软件，搭建所设计的拓扑图，并完成相应的设备配置。

（3）以小组为单位制作方案展示 PPT，并进行演讲。各组给予点评，教师也为每组作品作出评价。

各小组点评意见记录：

教师点评意见记录：

自我评价表

1. 请总结本任务的学习要点：

2. 任务实施情况，请自我评价_____
   A. 非常好（91～100 分）　　B. 比较好（81～90 分）　　C. 一般（66～80 分）
   D. 不太好（51～65 分）　　E. 基本完成不了（50 分或以下）

3. 知识掌握情况评价
   ①对静态路由表的掌握_____
   　A. 非常好（91～100 分）　　B. 比较好（81～90 分）　　C. 一般（66～80 分）
   　D. 不太好（51～65 分）　　E. 基本完成不了（50 分或以下）
   ②动态路由表的配置_____
   　A. 非常好（91～100 分）　　B. 比较好（81～90 分）　　C. 一般（66～80 分）
   　D. 不太好（51～65 分）　　E. 基本完成不了（50 分或以下）
   ③多园区网络组建能力_____
   　A. 非常好（91～100 分）　　B. 比较好（81～90 分）　　C. 一般（66～80 分）
   　D. 不太好（51～65 分）　　E. 基本完成不了（50 分或以下）

4. 在这次的任务学习中，你遇到了什么困难？在哪些方面需要进一步改进？

小组点评：A. 优秀　B. 良好　C. 一般　D. 不及格 | 组长签名：

本人签名：　　　　　完成日期：

参考文献

1. 褚建立，刘彦舫．计算机网络技术．北京：清华大学出版社，2006.

2. 谢希仁．计算机网络基础（第4版）．北京：电子工业出版社，2006.

3. 周炎涛．计算机网络实用教程．北京：电子工业出版社，2004.

4. 卢晓丽．计算机网络技术．北京：机械工业出版社，2012.

5. 李畅等．计算机网络技术实用教程．北京：高等教育出版社，2005.

6. 孙桂芝．计算机网络实训案例教程．北京：机械工业出版社，2007.

7. 沈海娟．网络互联技术——路由与交换．杭州：浙江大学出版社，2006.

8. 汪双顶，韩立凡．中小型网络构建与管理．北京：高等教育出版社，2012.